新觀念伽利略

揭開日常生活中的謎團，破解光的奧祕！

光與色的科學

人人出版

前言

對我們來說，「光」的存在似乎理所當然。

平常我們也不會特別注意到光吧？

然而，我們能夠看見物體、

感受各種色彩的差異，

都是因為我們的眼睛接收到光。

不過，眼睛看得見的光，並不是光的全部。

我們周遭還充滿了許多不同的光，例如 X 光或無線電波。

我們也可以利用光的特性，加熱物體或傳遞訊息。

本書將以通俗易懂的方式說明光的原理，

讓你暢遊光的神祕世界。

4 直擊光的真面目

5 利用光（電磁波）的性質

附錄

我們的周遭充滿了
光的現象

7色的彩虹、隨時間變化的天空顏色與海洋顏色⋯⋯
這些都是光的特性所產生的現象

我們平常或許只有在周圍變暗時，才會意識到光。就是因為光的存在過於自然，我們才會很少留意光的特性，以及光對我們的生活與視覺帶來的影響。

但是，我們的周遭充滿了與光有關的現象。例如彩虹、晚霞與藍色的海洋。這些現象當中，隱藏著光的散射、折射、反射等各種性質。

如果理解光的性質，也能解答許多基本的疑問，例如「為什麼水有時看起來透明，有時又能如鏡子般反射物體」、「為什麼相機能夠拍攝風景」等。甚至連「為什麼微波爐能夠加熱食物」這樣的問題，都可以用光的性質來說明。

從下一單元開始，就讓我們仔細地直擊光的奇妙性質吧！

「彩虹」悄悄地掀開了光的真面目

1

光會彎曲
分離

提到光，最先想到的或許是太陽。儘管太陽光是白色的，但由太陽光形成的彩虹看起來卻是彩色的。這當中隱藏著複雜的現象。我們首先就來了解光彎曲與分離的特性。

太陽光中包含了無數的色光

太陽光可以用「稜鏡」分解

太陽

分解太陽光的實驗

牛頓使用稜鏡分解通過的太陽光，產生了光帶。

牆壁上的洞

太陽光（白色光）

牛頓
（1642～1727）

太陽光在白天看起來呈現白色，因此**太陽光也被稱為「白光」，但實際上，太陽光卻是由各種色光組成**。只要使用玻璃製成的三角柱「稜鏡」，就能清楚理解這點。太陽光通過稜鏡後，就會出現由各種顏色組成的光帶。這是英國科學家牛頓（Isaac Newton，1642～1772）所發現的現象，而牛頓也以「萬有引力定律」聞名。

　　這些光帶被稱為「太陽光的光譜」，呈現紅、橙、黃、綠、藍、靛、紫7種顏色，和彩虹相同。[編註]但顏色的邊界不明顯，因此顏色的數量並不重要。我們可以想成，太陽光中包含了「無數種色光」。

編註：牛頓最初（1672年）將太陽光譜分為5種主要顏色：紅、黃、綠、藍和紫。後來才加入橙色和靛色成為7色，以便與西方音階C（Do）、D（Re）、E（Mi）、F（Fa）、G（Sol）、A（La）、B（Si）的數量相匹配。大多數現代可見光光譜的定義都排除了靛色，將其合併到藍色和紫色的色調範圍中。

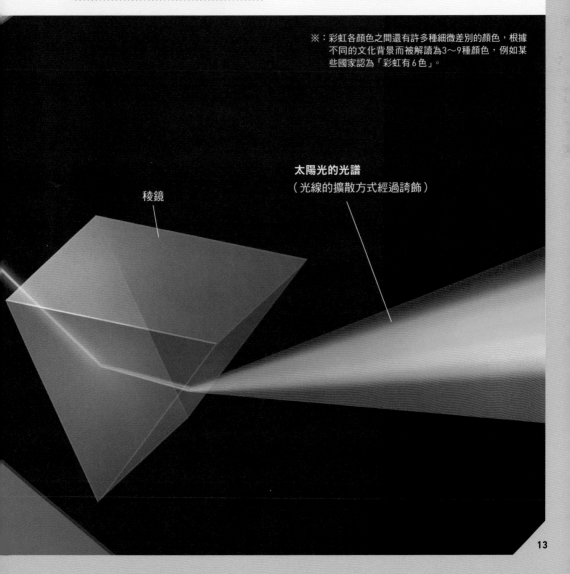

※：彩虹各顏色之間還有許多種細微差別的顏色，根據不同的文化背景而被解讀為3～9種顏色，例如某些國家認為「彩虹有6色」。

稜鏡

太陽光的光譜
（光線的擴散方式經過誇飾）

顏色的差異就是
光的「波長」差異

**光的本質是「波」，
其多樣的波長各具不同的顏色**

光 具有「波」的性質（詳見第4
章）。波的種類包括水面上的
波、繩子傳遞的波與聲波等。

　　**太陽光的光譜中各種不同的顏
色，實際上就是不同「波長」的
光**。波長指的是從波峰（波的最高
點）到相鄰波峰之間的距離，或從
波谷（波的最低點）到相鄰波谷之
間的距離。

　　不同波長的光，在我們眼中就會
呈現不同的顏色。^{編註}以顏色來說，
光的波長從紅、橙、黃、綠、藍、
靛、紫依序變短。

編註：由於人類眼中有3種「視錐細胞」分別負責
感受不同波長的紅光、綠光、藍光，及一種負責
感受明暗的「視桿細胞」（第71頁）。以橙色光為
例，實際上不是直接感應波長約600奈米的單色橙
光，而是由波長約700奈米的紅光和波長約500奈
米的綠光加上明暗感應混合組成，再將訊息傳至大
腦皮質的視覺區。

短波長

波長

紫光的波長較短

海水波浪

太鼓的鼓膜產生的波

地震波

聲波

聲波

弦產生的波

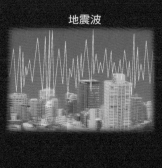

繩子傳遞的波

長波長

太陽光的光譜
（可見光）

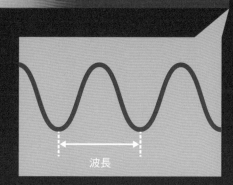

波長

紅光的波長較長

眼睛看得見的光並非光的全部

波長比可見光長或短的波都存在

光 屬於一種「電磁波」（electromagnetic wave），除了眼睛看得見的「可見光」之外，還有其他許多類型的夥伴，例如「紫外線」（ultraviolet，縮寫為UV）和「紅外線」（infrared，縮寫為IR）。

波長比可見光短的波稱為

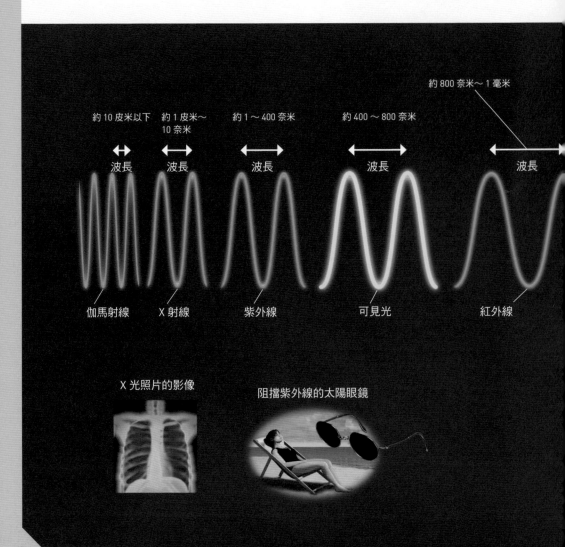

約 800 奈米～ 1 毫米

約 10 皮米以下　　約 1 皮米～
　　　　　　　　　10 奈米　　　　約 1～400 奈米　　　　　　約 400～800 奈米

波長　　　　波長　　　　　波長　　　　　　　波長　　　　　　　　波長

伽馬射線　　　X 射線　　　　紫外線　　　　　　可見光　　　　　　　紅外線

X 光照片的影像

阻擋紫外線的太陽眼鏡

「紫外線」（紫光『外側』），波長比可見光長的波稱為「紅外線」（紅光『外側』），這些都包含在太陽光中（見前頁的圖）。各位或許在夏季的防晒商品或冬季的暖氣設備中，經常看到這兩個名詞。

波長比紫外線更短的波，是用於拍攝 X 光照片的「X 射線」，再短一點的波，則是放射性物質所釋放的「伽馬射線」（gamma ray）。至於波長比紅外線更長的波，則是微波爐、數位無線電視和智慧型手機等生活中不可或缺的家電與通訊設備所使用的高頻電磁波（100MHz（10^6Hz）以上）。

這些波都是可見光的同類，統稱為「光」。

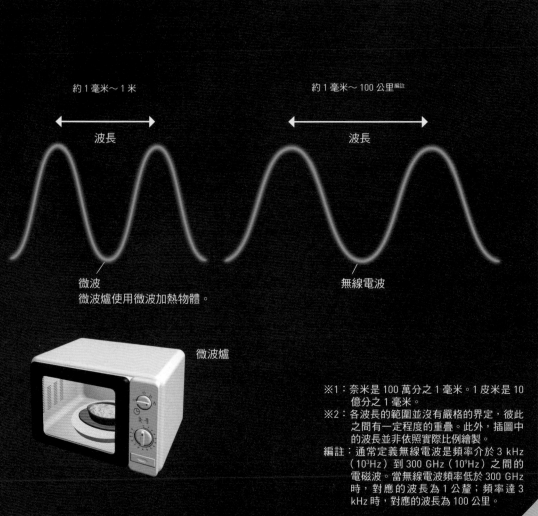

約 1 毫米～ 1 米

約 1 毫米～ 100 公里 編註

波長

波長

微波
微波爐使用微波加熱物體。

無線電波

微波爐

※1：奈米是 100 萬分之 1 毫米。1 皮米是 10 億分之 1 毫米。

※2：各波長的範圍並沒有嚴格的界定，彼此之間有一定程度的重疊。此外，插圖中的波長並非依照實際比例繪製。

編註：通常定義無線電波是頻率介於 3 kHz（10^3Hz）到 300 GHz（10^9Hz）之間的電磁波。當無線電波頻率低於 300 GHz 時，對應的波長為 1 公釐；頻率達 3 kHz 時，對應的波長為 100 公里。

照進水裡的光
為什麼會彎曲？

光在空氣中與在水中的前進速度不同

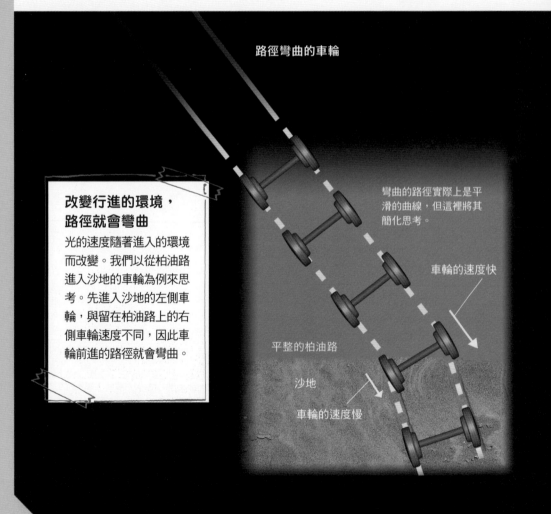

路徑彎曲的車輪

改變行進的環境，路徑就會彎曲

光的速度隨著進入的環境而改變。我們以從柏油路進入沙地的車輪為例來思考。先進入沙地的左側車輪，與留在柏油路上的右側車輪速度不同，因此車輪前進的路徑就會彎曲。

彎曲的路徑實際上是平滑的曲線，但這裡將其簡化思考。

車輪的速度快

平整的柏油路

沙地

車輪的速度慢

當在空氣中直線前進的光斜射入水面時，光的路徑就會彎曲，這種現象稱之為光的「折射」（refraction）。那麼，光為什麼會折射呢？

原因就在於光的速度變化。水中的水分子會「阻礙」光的前進，因此光在水中的前進速度，就會比在空氣中慢。

請想像兩個用車軸連接的車輪，從平整的柏油路面斜向進入沙地的情況（左圖）。左側的車輪先進入沙地，使得左側的速度減慢，但右側的車輪這時尚未進入沙地，因此右側速度不變。左右車輪的速度不同，於是車輪的行進路徑就會彎曲。

如果將光視為有寬度的光帶，就可以想成像車輪一樣。雖然先進入水中的那一側光速變慢了，但後進入的另一側光速尚未改變，因此光的前進路徑會彎曲。

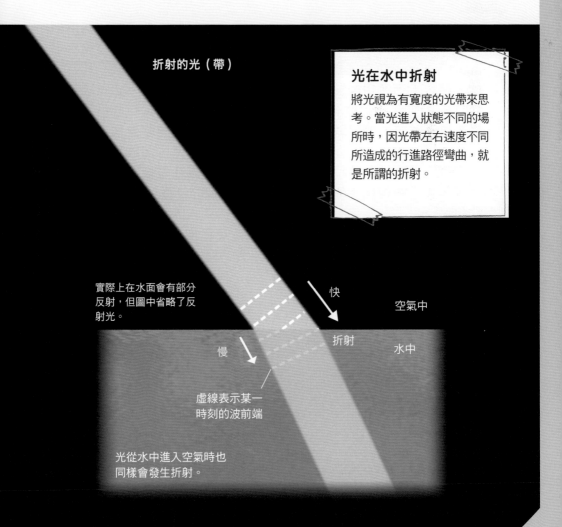

折射的光（帶）

光在水中折射

將光視為有寬度的光帶來思考。當光進入狀態不同的場所時，因光帶左右速度不同所造成的行進路徑彎曲，就是所謂的折射。

實際上在水面會有部分反射，但圖中省略了反射光。

快

空氣中

慢

折射

水中

虛線表示某一時刻的波前端

光從水中進入空氣時也同樣會發生折射。

光在鑽石中會減速40%

會隨著該物質的折射率而改變速度

光的折射程度因物質而異，以「折射率」（refractive index）表示。**折射率是一種指標，顯示「光速相較於真空環境的減慢程度」，折射率愈大，光在該物質中的速度就愈慢。**例如，鑽石的折射率非常大，鑽石中的光速約為每秒12萬公里，與真空中相比大幅減慢了約40%。

右頁的插圖解釋了折射如何迷惑視覺。

將硬幣放在杯底，從被杯緣阻擋剛好看不見硬幣的角度觀察，接著注入水。這時就會看到硬幣似乎隨著杯底一起往上浮，出現在眼前。這是因為硬幣反射出的光線經過折射抵達眼睛。**我們的視覺認為光應該是直線前進，因此硬幣的位置就彷彿是在右頁下方圖中「硬幣虛像的位置」。**

在裝水的杯子裡插入吸管，吸管看起來就像在水面彎了一個角度，也是同樣的道理。

物質名稱	光速（萬公里／秒）	折射率
真空	30.0	1.00
水	22.5	1.33
水晶	19.4	1.54
藍寶石	17.0	1.77
鑽石	12.4	2.42

雖然光在物質中會減速，但由於其速度仍然很快，因此我們不會察覺。

折射會迷惑視覺

倒入水

幾乎看不見硬幣

硬幣看起來就像是從杯底
「浮上來」

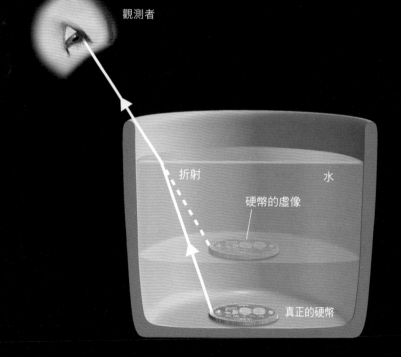

觀測者

折射　　　　　水

硬幣的虛像

真正的硬幣

為什麼放大鏡能使物體看起來變大？

**即使觀察通過透鏡的光，
我們也會有「光應該直線前進」的錯覺**

透鏡使光線彎曲傳遞

圖中分別描繪了凸透鏡的折射（左）、凹透鏡的折射（右），以及放大鏡使物體看起來變大的原因（下）。

凸透鏡的結構能夠聚集光線

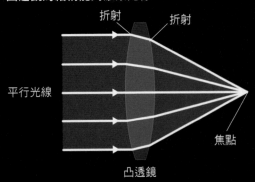

折射　　折射

平行光線

凸透鏡

焦點

物體放大的影像

A'

凸透鏡製成的放大鏡使物體看起來變大的原因

註：光線通過凸透鏡時，實際上會折射2次（上方的圖），分別是在入射的時候與離開透鏡的時候。這裡的圖示為了簡化說明，光線只在透鏡中央折射一次（這是一種近似）。

凸透鏡會將平行入射的光線聚集在焦點上，凹透鏡則會將平行入射的光線擴散。

將物體放在靠近放大鏡（凸透鏡）的位置，從另一側觀察時，會看到放大的影像，這是為什麼呢？太陽與照明的光在碰到物體時會「反射」（reflection）。而在物體頂端A反射的光擴散開來，經透鏡彎曲後進入眼睛。

將這些光線用虛線延長，會交匯成一個點（A'）。如果物體的頂端實際上位於A'，且透鏡也不存在，光線就會沿著圖中的虛線筆直進入眼睛。**由於我們的視覺認為「光線應該直線前進」，因此物體的頂端看起來就像實際位於A'一樣**。物體的各點都是相同狀況，因此透過凸透鏡觀察時，物體看起來就會變大。

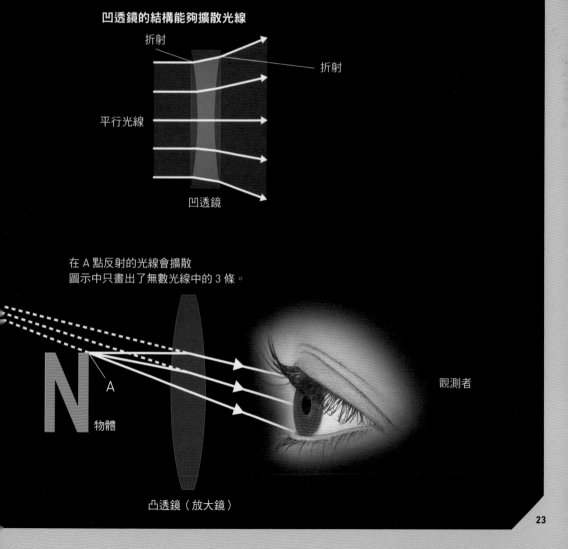

凹透鏡的結構能夠擴散光線

折射

折射

平行光線

凹透鏡

在 A 點反射的光線會擴散
圖示中只畫出了無數光線中的 3 條。

A

物體

觀測者

凸透鏡（放大鏡）

為什麼戴上眼鏡會看得更清楚？

以透鏡調整焦點，使其落在視網膜上

近視與遠視都可以利用透鏡調節

下圖畫出了正常眼睛的焦點，右頁則畫出了近視、遠視患者的眼睛焦點，以及眼鏡調節焦距的原理。透過不同的眼鏡鏡片調節光的折射，使焦點落在視網膜上。

人眼的剖面圖

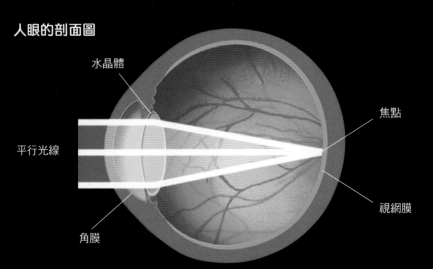

水晶體

焦點

平行光線

視網膜

角膜

正常的眼睛
水晶體在看遠處時會變薄，看近處時會變厚，藉此調節焦距，讓光（平行光線）在視網膜上形成焦點。

眼鏡也是透鏡在日常生活中的應用範例。近視的人在看遠處時，焦點會落在視網膜的前方（1）。這可能是因為角膜（眼睛表面折射光線的濾鏡般組織）或水晶體（能透過改變厚度調節焦距的透鏡般組織）過度折射光線，或者角膜到視網膜的距離過長。因此**近視用的眼鏡使用凹透鏡**（2）。如果先以凹透鏡將光線擴散，再進入角膜與水晶體，焦點就會落在視網膜上。

反之，遠視的人焦點會落在視網膜的後方（3）。這是因為光線折射不足。因此，**遠視用的眼鏡使用凸透鏡**（4）。凸透鏡會稍微收斂光線，以彌補不足的折射。

1. 近視的人，焦點落在視網膜前方
這可以想成是「過度折射」。

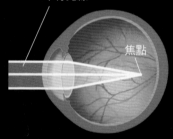

平行光線

焦點

為了看清近處的物體，需要使水晶體變厚以加強折射。

2. 近視用的眼鏡是凹透鏡

凹透鏡
（中央凹陷）

焦點落在視網膜上

平行
光線

先將光擴散

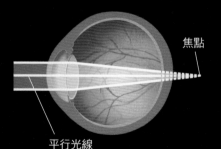

3. 遠視的人，焦點落在視網膜後方
這可以想成是「折射不足」。

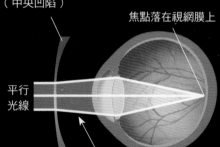

焦點

平行光線

註：當然，光線不會抵達視網膜後方。
　　這只是假設光線繼續延伸時的焦點
　　示意圖。

4. 遠視用的眼鏡是凸透鏡

焦點落在視網膜上

平行光線

先將光線收縮

凸透鏡
（中央凸起）

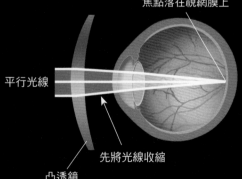

照相機拍攝照片的原理

利用擴大透鏡、調整光圈等方式
來調節接收的光量

先來說明相機的基本原理。從物體的 X 點發出的光線會向四周擴散，但通過透鏡後會再次聚集在X'點。同理，從Y點發出的光線，也會再次聚集在Y'點。**物體的所有點都發生同樣的情況，因此在這裡放置CCD（電荷耦合元件）**編註1**影像感**

相機透過凸透鏡聚集光線

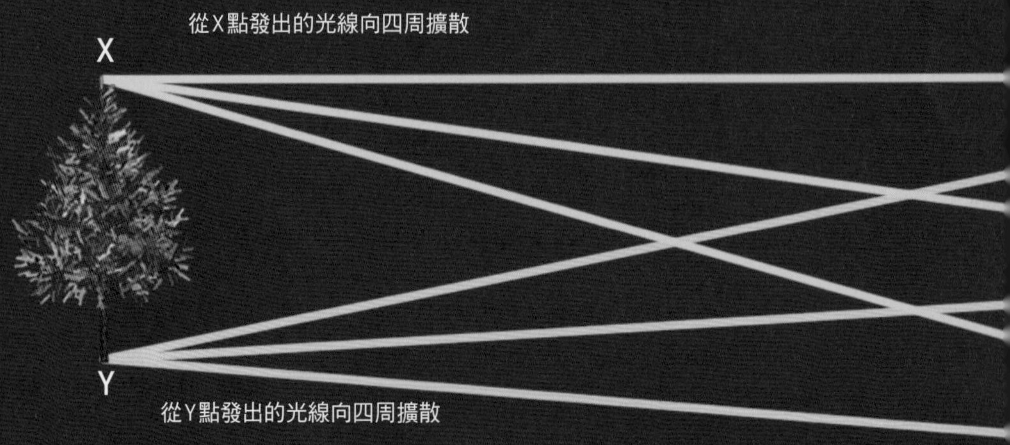

從X點發出的光線向四周擴散

X

從Y點發出的光線向四周擴散

Y

註：實際的相機將多個透鏡組合在一起使用，結構更為複雜。此處為了說明
基本原理，簡化了相機的結構。

測器，物體就會在此成像。

　　如果相機的透鏡尺寸變小，由於透鏡接收光的面積變小，從X點出發並集中於X'點的光量就會隨之減少。因此，要拍攝出明亮的照片時，就需要補充光量。由此可知，**透鏡的大小是決定聚集光量的重要因素**。編註2

　　使用凸透鏡聚光的「折射望遠鏡」也是同樣的道理。直徑較大的透鏡具有更高的聚光能力，能夠觀測到暗淡的天體。

編註1：CCD是一種積體電路，上面有許多排列整齊的電容器，能感應光線，並將影像轉變成數位訊號。

編註2：除了更換不同尺寸的相機鏡頭，也可以透過調整光圈（鏡頭內部可調整大小的孔狀光柵）及快門（控制曝光時間的元件）等來控制鏡頭的通光量。

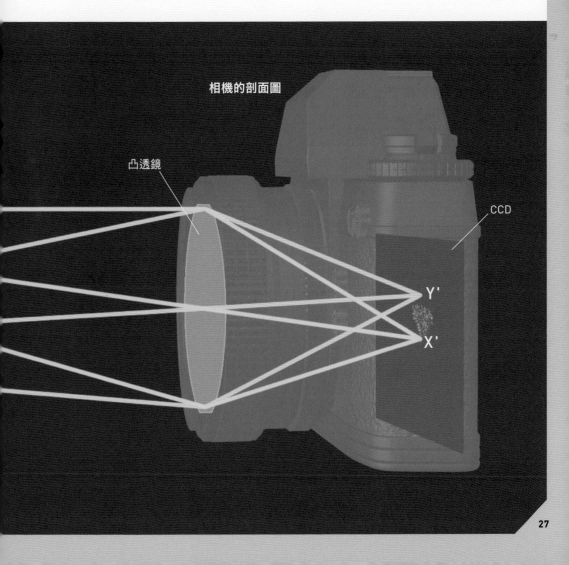

相機的剖面圖

凸透鏡

CCD

Y'

X'

不同顏色的光在玻璃中的速度也不同

光的折射率差異也與光的速度變化有關

玻璃中的光速會因光的顏色而略有不同
箭頭長度的差異經過誇飾

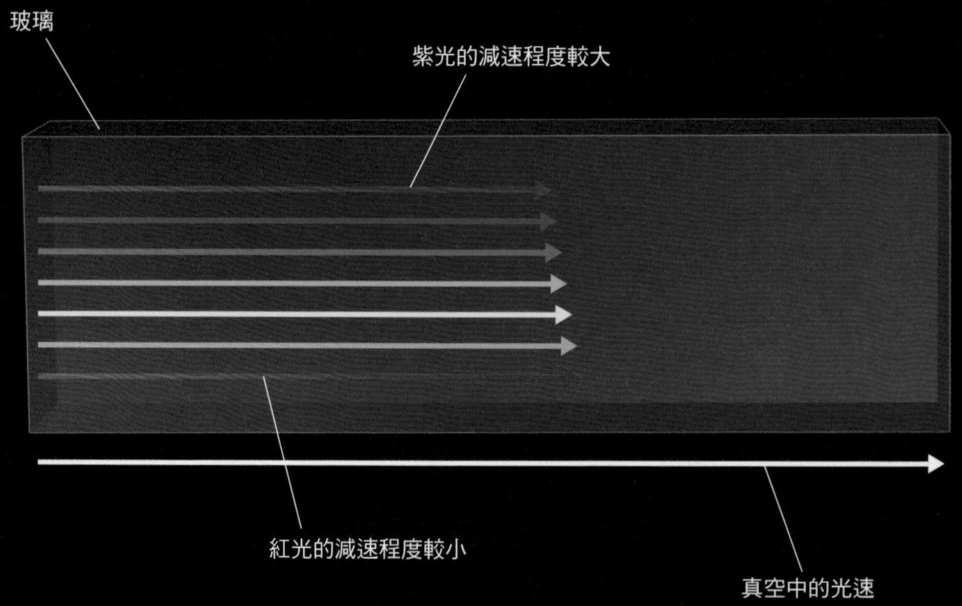

玻璃

紫光的減速程度較大

紅光的減速程度較小

真空中的光速

光 在水或玻璃等透明物質中前進的速度，比在真空中要來得慢（第18～21頁）。而實際上，**速度減緩的程度會因為光的顏色（波長）而略有不同**。以太陽光譜中的「紅、橙、黃、綠、藍、靛、紫」為例，紅光的速度減緩程度最小，接著依序增大，紫光的速度減緩程度最大（見左頁圖）。換句話說，**波長愈短的光，速度減緩程度愈大**。

由於紅色光帶的左右速度差相對較小，因此當其射入水中或玻璃中時，彎曲程度也較小。反之，紫色光帶的彎曲程度則較大。

稜鏡利用不同色光的折射程度不同這項性質，將白光分解成彩虹光帶（見下圖）。稜鏡透過2次折射，更加強調光的顏色所造成的折射程度差異。

稜鏡利用光的顏色所造成的折射程度差異

白光
（包含各種顏色的光）

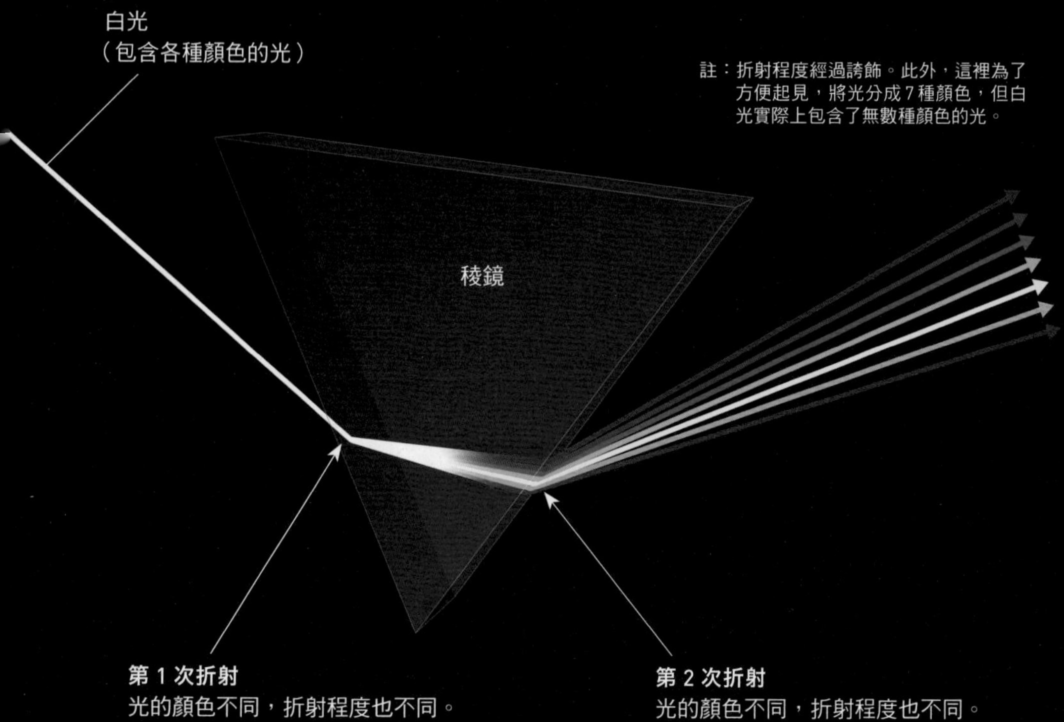

註：折射程度經過誇飾。此外，這裡為了方便起見，將光分成7種顏色，但白光實際上包含了無數種顏色的光。

稜鏡

第1次折射
光的顏色不同，折射程度也不同。

第2次折射
光的顏色不同，折射程度也不同。

凸透鏡不可能將光完全集中在一點

精密的天文觀測運用的是反射望遠鏡

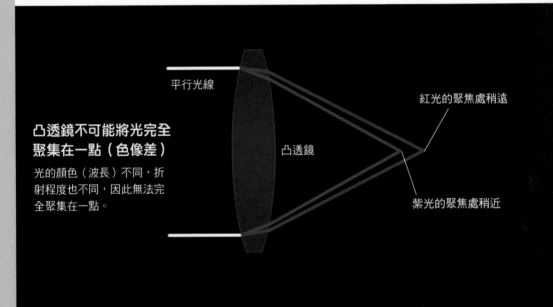

平行光線

凸透鏡

凸透鏡不可能將光完全聚集在一點（色像差）

光的顏色（波長）不同，折射程度也不同，因此無法完全聚集在一點。

紅光的聚焦處稍遠

紫光的聚焦處稍近

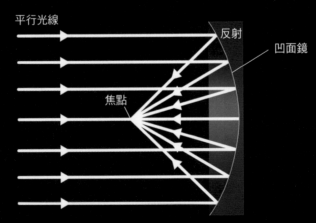

平行光線

反射

凹面鏡

焦點

大型望遠鏡利用凹面鏡聚光

由於利用的是反射而非折射，因此不存在色像差。

凸 透鏡可以將光聚集成一個小點。但實際上，通過凸透鏡的光無法完全聚集在一點。這主要是由於不同顏色的光具有不同的折射率。**紅光的聚焦處稍遠，紫光的聚焦處稍近，稱為色像差**（chromatic aberration）。

「折射望遠鏡」利用凸透鏡聚光。但由於製作大型凸透鏡非常困難，因此在天文觀測中，使用凹面反射鏡聚光的「反射望遠鏡」成為主流。

雖然「折射望遠鏡」可以透過巧妙地組合多個透鏡來減少色像差。但如果使用反射鏡，**色像差根本不會發生。這也可說是反射望遠鏡的一項優點。**

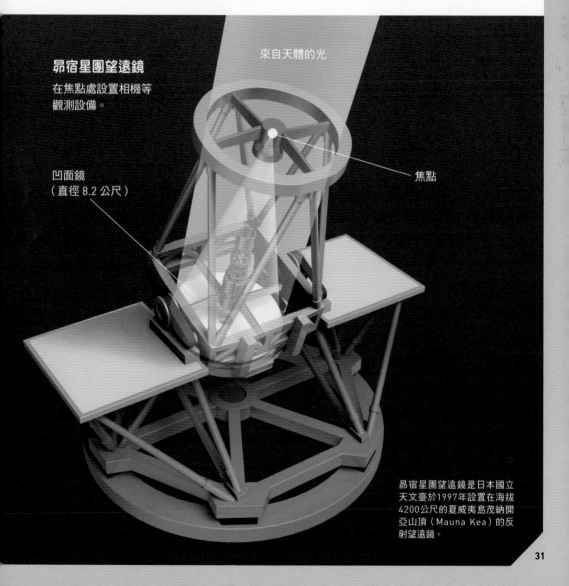

昂宿星團望遠鏡
在焦點處設置相機等觀測設備。

來自天體的光

凹面鏡
（直徑 8.2 公尺）

焦點

昂宿星團望遠鏡是日本國立天文臺於1997年設置在海拔4200公尺的夏威夷島茂納開亞山頂（Mauna Kea）的反射望遠鏡。

彩虹為什麼看起來分成7種顏色

大氣中的水滴將太陽光的顏色分開了

「**彩**虹」是一種像稜鏡般將太陽光分解（分散）成無數種色光的自然現象。**空中的無數水滴發揮如稜鏡般的作用，產生了這種（彩虹）現象。**

照向水滴的光一部分被反射，但另一部分則進入水滴內部並折射。接著光在水滴內壁反射後，再次折射出來。**由於每種顏色的光折射角度都不同，白光在經過 2 次折射後，被分解成彩虹色。**

紅光最強的位置是與太陽光入射方向呈約42度的方向，紫光則在約40度的方向。當某顆水滴的紅光進入眼睛時，同一顆水滴的紫光射向稍微高一點的位置，因此無法進入眼睛。進入眼睛的紫光來自稍低處的水滴。**每種顏色的光就像這樣分別從不同高度的水滴進入眼睛，因此我們能夠看到彩虹。**

彩虹因光的分散而產生

彩虹是由空中的水滴充當稜鏡將太陽光分散所產生的現象。有時在清晰的彩虹（主虹）外側還可以看見淡淡的霓（副虹）。

從呈現紅色的水滴所發出的紫光無法抵達眼睛。

觀測者

太陽光
（形成彩虹紅色部分的光線）

彩虹的紅色部分
由無數水滴發出紅光
所形成的紅色光帶

太陽光
（形成彩虹紫色部分的光線）

霓
（由水滴內部反射 2 次和折射
2 次後射出的光線所形成）編註

彩虹的紫色部分
由無數水滴發出紫光
所形成的紫色光帶

彩虹
由於無法辨識每個小水滴，因此在人的眼中
看起來呈現連續的光帶。

從呈現紫色的水
滴所發出的紅光
無法抵達眼睛。

水滴將太陽光依顏色分開

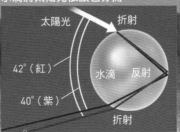

太陽光　折射

42°（紅）　水滴　反射

40°（紫）

折射

編註：霓的射出角度為50～53°，位於彩虹的上
方。由於在水滴內部反射 2 次，使得霓的色彩
排列和彩虹的弧相反，紫色在外而紅色在內，
而且比彩虹暗弱，因為反射 2 次不僅散失更多
的光線，散布的區域也更為寬廣。

※省略不需說明的反射光與穿透光

33

海市蜃樓是空氣中折射的光

光在灼熱的地面附近轉個彎進入眼睛

海市蜃樓

海市蜃樓是空氣造成的折射

空氣分子

來自天空或周圍景色的光

光速較慢的一側（密度較大）

光速較快的一側（密度較小）

光線彎曲

海市蜃樓
由於看起來像是倒映了天空與周圍的景色，所以感覺
彷彿那兒有一灘水。

各位在炎熱夏日的柏油路上，可能會看到像水一樣的東西，或是倒映出遠處的景象。這種現象稱為「海市蜃樓」。

空氣中的塵埃與氮氣、氧氣等氣體分子會對光造成影響，使光的速度變慢。因此氣體分子的密度愈大，光的速度就愈慢。

炎熱夏日的空氣會被晒得發燙的地面加熱，愈靠近地面溫度愈高。此外，溫度升高的空氣體積會膨脹，因此愈接近地面的氣體分子密度就愈小。這代表若將光想成有寬度的光帶，愈接近地面前進的速度就愈快。**而光的路徑會因為連續性的氣體分子密度變化而變得圓滑彎曲，這就是發生海市蜃樓的原因。**編註

來自天空與周圍景色的光在地面附近彎曲，抵達我們的眼睛，使得地面看起來像是有水或某種反射光線的物質。

編註：上方冷空氣的密度比地面暖空氣大，因此有較大的折射率。當光線由上方冷空氣進入有明顯溫差的地面暖空氣時，光線會向上彎曲偏折。

冷空氣（空氣分子密度大）
→光速慢

熱空氣（空氣分子密度小）
→光速快

觀測者認為光是從這個方向來的

晒得發燙的柏油路面

觀測者

夜空中的星星不在你看到的方向

在大氣中轉彎的星光

A星實際存在的方向

宇宙

大氣層

實際的太陽在地平線下方

我們看到的太陽

實際的太陽

從太陽下端發出的光

大氣通常愈高愈稀薄，因此愈往上空，空氣分子的密度愈小，光速也就愈快。這使得夜空中的星光會沿著略微彎曲的路徑抵達我們的眼睛。而這也意謂著**我們看到的星星，實際上不在我們所看到的方向**。

星星的實際方向，與我們看到的方向之間的角度差異被稱為「大氣折射」（atmospheric refraction）。正上方的夜空（天頂方向）星光垂直入射，光速會變慢，但沒有大氣折射；而其他角度入射的星光，愈接近地平線，大氣折射就愈大。入射角度與地平線成40度的星光，大氣折射約為0.017度。但貼近地平線方向（接近0度或180度）入射星光的大氣折射，卻多達0.5度。

太陽與月亮的光線也會沿著彎曲的路徑進入眼睛。以沉入地平線的太陽為例。這時的大氣折射約為0.5度。而0.5度的圓心角弧長幾乎等於太陽看起來的大小（上端與下端的角度差）。這代表當太陽的下端看起來正要進入地平線時，實際上的太陽已經沉入地平線底下了。

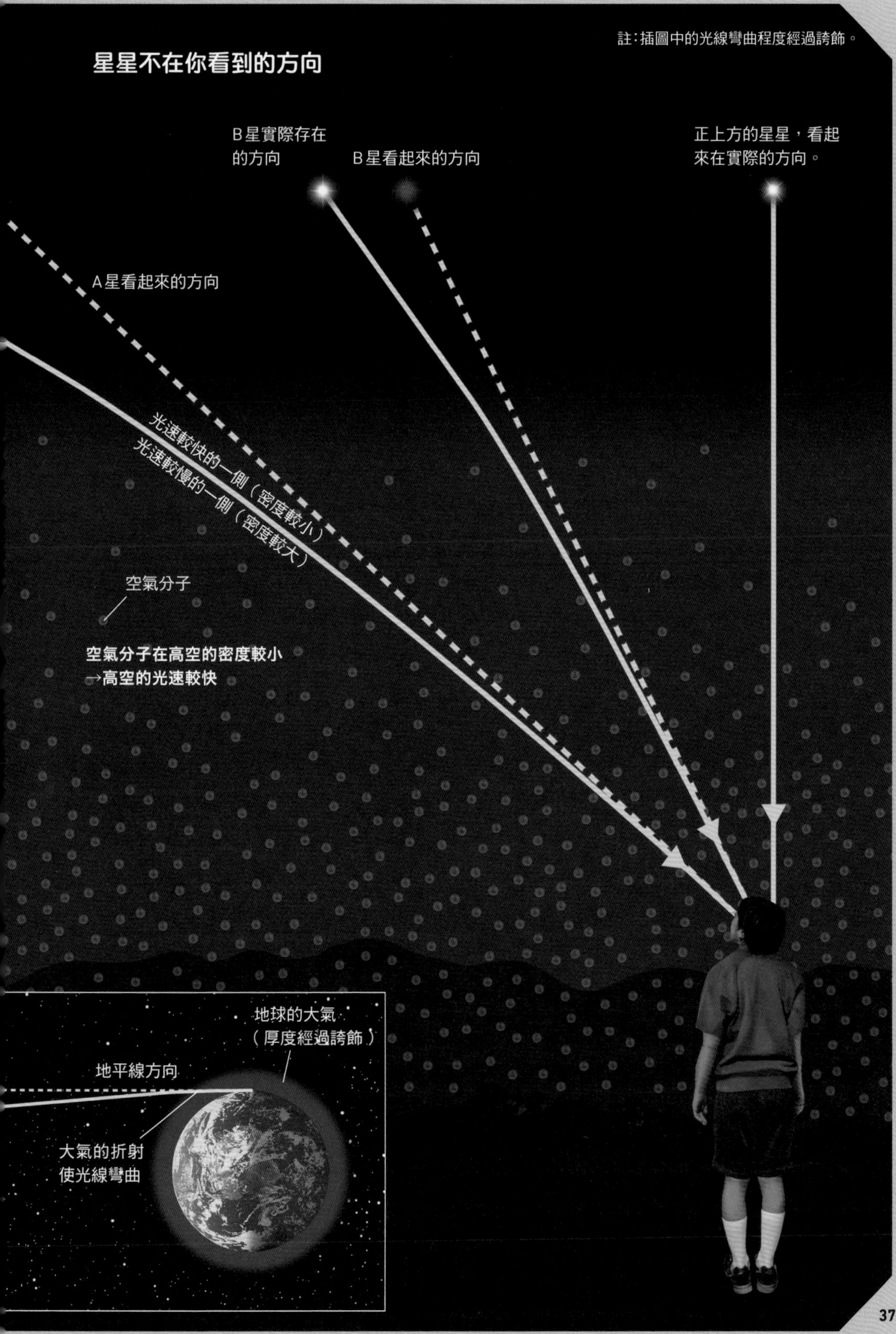

星星不在你看到的方向

B星實際存在
的方向

B星看起來的方向

正上方的星星，看起
來在實際的方向。

A星看起來的方向

光速較快的一側（密度較小）

光速較慢的一側（密度較大）

空氣分子

空氣分子在高空的密度較小
→高空的光速較快

地球的大氣
（厚度經過誇飾）

地平線方向

大氣的折射
使光線彎曲

Coffee Break

閃電為什麼呈鋸齒狀

閃電發出爆裂聲響劃過天際，彷彿天上出現了一道裂縫。為什麼閃電不是直線而是鋸齒狀呢？

閃電是雷雨雲內的水分子互相摩擦所釋放的負電荷，朝著帶正電的地面前進所形成的現象。空氣是絕緣體，原本不會導電。但由於閃電施加的電壓

高達數億伏特，因此電流也能流過空氣了。**這時所產生的閃電，會選擇濕氣較重、原子或分子較多的區域、電流較容易通過的路徑。**[編註]**因此閃電的路徑就呈現鋸齒狀。**

閃電的顏色會根據觀測者與閃電的距離而改變。藍色系的光線因為容易散射，所以只能在近距離觀察得到。距離愈遠，閃電就愈偏向紅色系。因此除了聲音之外，顏色也能作為用來判斷閃電距離自己多遠的參考。

編註：豐富的水分子會令空氣介質所要求的崩潰電壓（breakdown voltage，使電流可以通過絕緣介質的高電壓）降低，因此較易發生閃電。

2

光會反射
疊合

照鏡子的時候會看到自己的身影。而如果仔
細調整反射的角度，水和玻璃也可以成為鏡
子。此外，為什麼白天的天空呈現藍色，但
晚霞卻是紅色呢？這些現象全都與光的性質
有關。本章將探討光的反射與疊合。

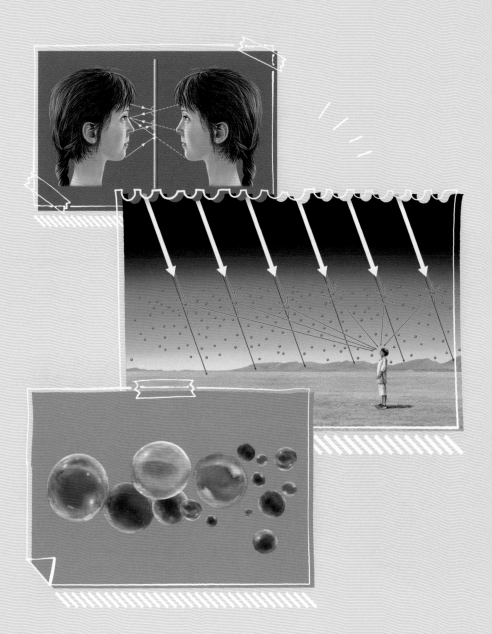

光會反射、疊合

鏡子裡為什麼會出現
自己的身影？

面對鏡子便能看到自己臉部反射的光

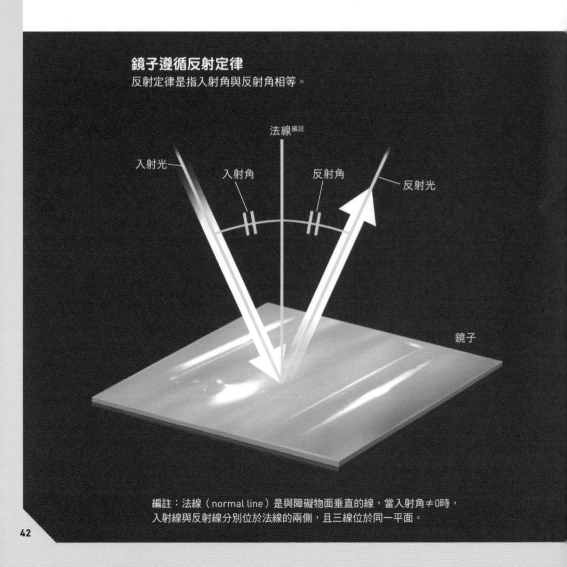

鏡子遵循反射定律

反射定律是指入射角與反射角相等。

法線 編註

入射光

入射角

反射角

反射光

鏡子

編註：法線（normal line）是與障礙物面垂直的線，當入射角≠0時，
入射線與反射線分別位於法線的兩側，且三線位於同一平面。

鏡子是指在背面鍍上一層鋁或銀等金屬的玻璃板。由於其背面的金屬非常平滑、幾乎沒有凹凸，能夠完美地反射光線，因此鏡子能夠反射影像。編註

請想像在鏡子前看自己的臉。來自照明的光打在臉上的各個部位，並反射到鏡子中。**照射到鏡子的光線依照反射定律（左頁），以同樣的角度反射進入眼睛。**

我們覺得「光應該直線前進」，因此覺得進入眼睛的光線，絕對來自反射方向的延長線（虛線）上。**因此可以在鏡中的對稱位置看見自己的臉（右頁）。**

此外，鏡子能夠反射任何色光，所以藍色的物體看起來就是藍色，紅色的物體看起來就是紅色，鏡中反射的物體，顏色與實物相同。

編註：一般鏡子通常將鋁或銀等金屬層電鍍在玻璃基板上，金屬層背面再塗一層油漆來防止磨損和腐蝕。而光學儀器的鏡子則通常將金屬層鍍在正面，這樣光線就不必進入玻璃反射兩次。

眼睛認為接收到的光是「直線前進而來」

下圖中，來自額頭並到達眼睛的光，被認為來自眼睛與A點連線的延長線上。同樣的現象發生在臉部的每個部位，因此臉看起來就像是在鏡面的對稱位置上。

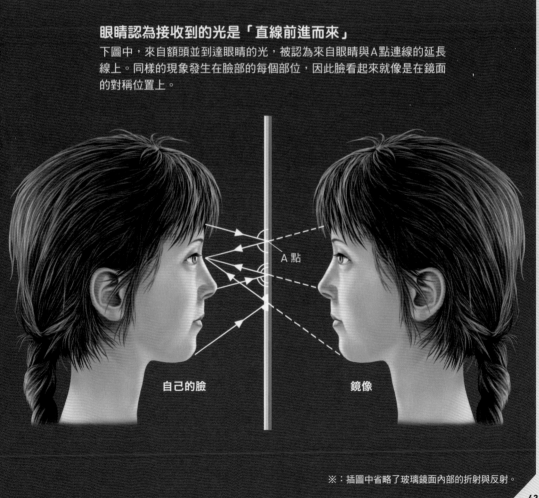

A 點

自己的臉

鏡像

※：插圖中省略了玻璃鏡面內部的折射與反射。

物體會將光線反射到四面八方

**因為物體會將光線散射，
所以我們才能看見物體**

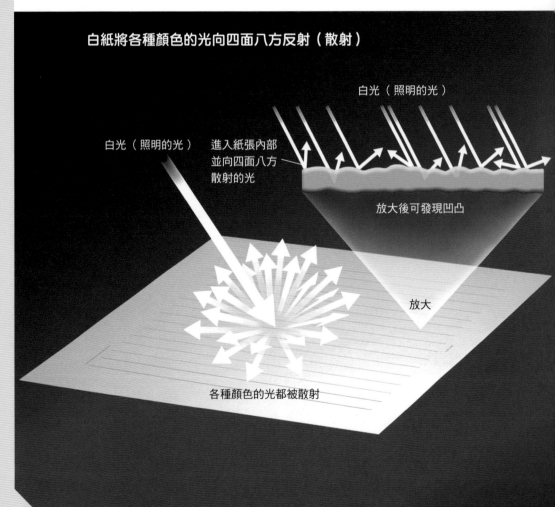

白紙將各種顏色的光向四面八方反射（散射）

白光（照明的光）

進入紙張內部
並向四面八方
散射的光

白光（照明的光）

放大後可發現凹凸

放大

各種顏色的光都被散射

蘋果之所以看起來是紅色的，是因為太陽光或燈光（白光）照射到蘋果表面時，只有紅光進入到我們的眼睛。那麼，白紙呢？我們感覺到的白光，其實包含了無數的色光。**這代表白色物體能夠反射所有色光，因此看起來才會呈現白色。**

紙張表面即使看起來光滑，仍存在著凹凸。當光線照射到這些凹凸處時，就會向四面八方反射，這種反射稱為「散射」（scattering）。

因為不像鏡子那樣遵循反射定律（入射角等於反射角），所以在白紙的表面不會反射出自己的臉。

蘋果呈現紅色的部分，也是因為將白光中的紅光散射。**一般來說，眼睛看見的物體，幾乎都散射了一部分的光。**我們之所以能夠靠著視覺生活，就是因為物體將光散射。

紅色的物體散射紅色的光

白光（照明的光）

紅光被散射，其他顏色的光被吸收

水和玻璃都能成為鏡子

調整入射角度來產生全反射

編註1：全反射只會發生在當光線從光密介質（較高折射率的介質）進入到光疏介質（較低折射率的介質），入射角大於臨界角時。

接著介紹將水變成鏡子的方法。將光源（防水性手電筒等）放在水中時，部分光線會穿過水面並折射，其餘的光線則會反射回到水中。穿透光（折射光）與反射光的比例，則隨著光的入射角度（入射角）而改變。

當入射角達到48度時，折射光的前進方向將與水面一致（緊貼著水面前進）。這代表入射的光全部（100%）被反射。水就會變成鏡子。**這種現象就是「全反射」（total internal reflection）。至於開始發生全反射的角度，則被稱為「臨界角」（critical angle）。**水的臨界角為48度。

臨界角依物質而異。玻璃的臨界角雖然隨著材質而改變，但大約都在43度左右。如果入射角超過這個角度，就會發生全反射。[編註1]稜鏡就利用全反射現象，在雙筒望遠鏡等光學設備中被當成反射鏡使用。**當光線以垂直接物鏡面的角度入射到筒內斜置約43度由玻璃製成的稜鏡時，在底面會發生全反射。如此一來就沒有穿透的光線，因此可作為反射鏡使用，也不會造成光線能量的損失。**

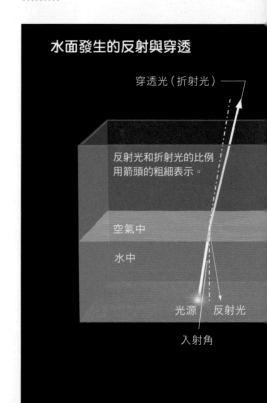

水面發生的反射與穿透

穿透光（折射光）

反射光和折射光的比例用箭頭的粗細表示。

空氣中

水中

光源　反射光

入射角

只要利用全反射，玻璃也能變成「鏡子」

在玻璃內部，當入射角在43～90度^{編註2}之間時，就會發生全反射。

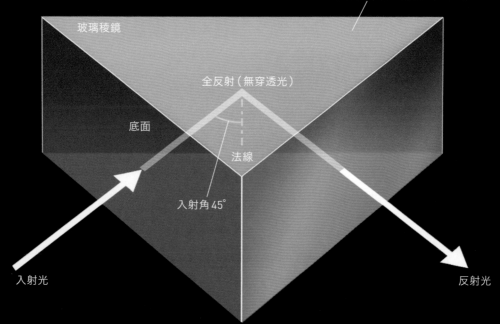

上面與下面是等腰直角三角形

玻璃稜鏡

全反射（無穿透光）

底面

法線

入射角 45°

入射光

反射光

編註2：入射角等於90度（入射光線緊貼著介質交界面的底面前進與法線垂直）時，光線不會穿透介質交界面，也不會產生折射，等同於全反射。

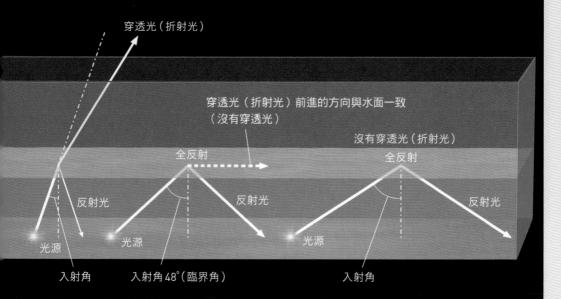

穿透光（折射光）

穿透光（折射光）前進的方向與水面一致
（沒有穿透光）

沒有穿透光（折射光）

全反射

全反射

反射光

反射光

反射光

光源

光源

光源

入射角

入射角 48°（臨界角）

入射角

在水的內部，當入射角為48～90度時，就會發生全反射。

Coffee Break

因為全反射而閃耀美麗光芒的鑽石

鑽石是寶石之王，不僅吸引寶石愛好者，也抓住了許多人的心。接著就讓我們來探究鑽石光輝的祕密。

珠寶用的鑽石被研磨成「燦爛形琢型」（brilliant cut）這種獨特的形狀。從燦爛形琢型的鑽石頂面入射的光，幾乎不會穿透鑽石，進入內部之後就全被底面反射，再穿透到外面來。**由於穿透底面逸散的光非常少，因此鑽石會因為反射光而閃耀璀璨光芒。**燦爛形琢型是一種設計來讓大部分光線在底面全反射的切割方法。編註1

此外，鑽石就像稜鏡一樣，能夠將白光分解成各種光色（色散），因此可以看到各種顏色的光芒。

編註1：將鑽石切割成底面呈圓錐形且具有57～58個刻面的特定形狀，這種形狀可讓大部分光線在鑽石底面全反射。

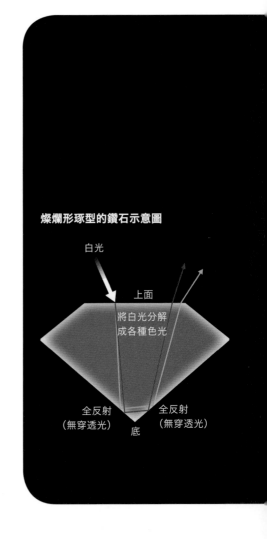

燦爛形琢型的鑽石示意圖

白光

上面

將白光分解成各種色光

全反射（無穿透光）　　全反射（無穿透光）

底

鑽石與全反射

將所有入射光線反射的現象稱為「全反射」。鑽石因為在小角度（臨界角為25度，小於玻璃的43度、水的48度）下也會發生全反射，而且能將白光分解成各種顏色，所以能夠綻放美麗光芒。

鑽石閃耀著多種顏色的璀璨光芒

編註2：「光纖」（optical fiber）也利用全反射，使光線在光纖內傳遞，不會透射或折射，減少光線在傳輸時的損失，因此訊號可傳至極遠的距離。

讓人心曠神怡的藍天是光線散射的結果

藍天的藍色，是空氣中散射的藍光

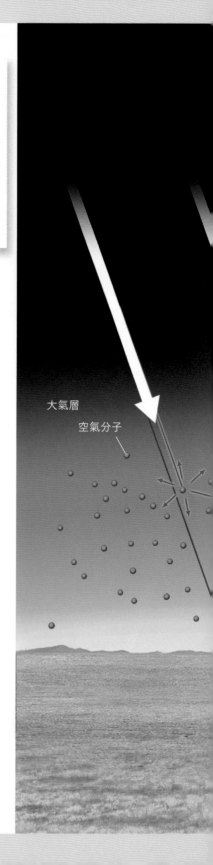

大氣層

空氣分子

想必很多人都看過從樹葉間隙或雲間灑落的「光束」。但這時看見的其實是存在於光線路徑上的灰塵與微小的水滴等物質。

當光線碰到不規則分布的微小粒子時，會朝四面八方飛散，**這種現象稱為「散射」。如果沒有引起散射的灰塵等物質，即使光從我們眼前通過，我們也無法看見。**

光的散射也創造出一種我們周遭常見的景象，那就是藍天。空氣應該無色透明，但為什麼我們看到的天空卻是藍色的呢？

這是因為空氣中的氣體分子，能夠稍微使來自太陽的光散射。現在已經知道，光的波長愈短，由氣體分子造成的散射愈容易發生。**這代表太陽光中的藍光與紫光更容易散射，所以無論看向天空的哪個方向，藍光與紫光都能到達眼睛。**再者，我們的眼睛對藍光比對紫光更敏感，所以天空看起來就呈現藍色。

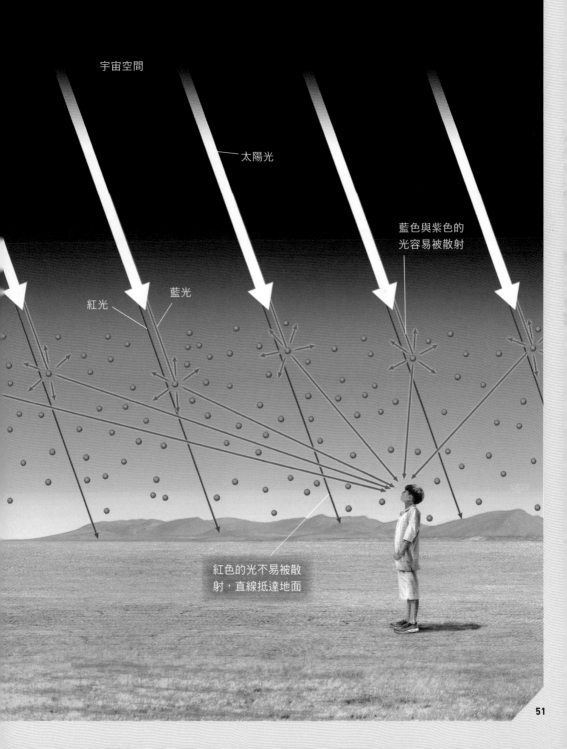

藍天

空氣中的分子會散射太陽光。由於波長較短的藍光容易被散射，因此能夠到達眼睛，使天空看起來呈現藍色。

宇宙空間

太陽光

藍色與紫色的光容易被散射

紅光

藍光

紅色的光不易被散射，直線抵達地面

為什麼晚霞不是
藍色而是紅色

晚霞的紅色，是長距離傳播的紅光

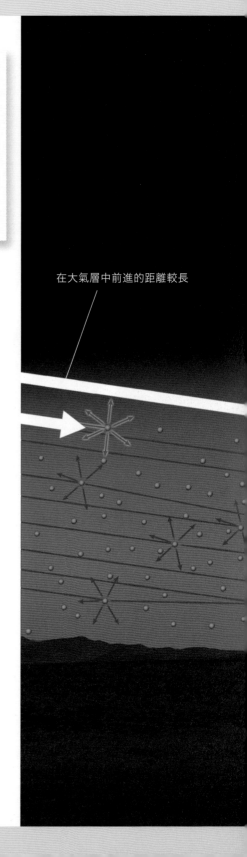

在大氣層中前進的距離較長

傍晚的天空為什麼是紅色的呢？傍晚時分，太陽會下沉到接近地平線的位置。太陽光必須在大氣層中前進很長的距離才能到達我們的眼睛。這點與白天幾乎來自正上方的太陽光垂直穿透大氣層非常不同。

波長較短的藍光與紫光，在太陽光一進入大氣層後，就開始逐漸被散射。因此像夕陽這種需要在大氣層中長距離傳播的光線，裡面的藍光與紫光幾乎散射殆盡，不會到達我們的眼睛。**於是太陽光就失去了藍光和紫光，變得略帶紅色。**

另一方面，散射雖然不容易發生在波長較長的紅光，但經過長距離的傳播依然會被散射。大氣中飄浮的灰塵與水蒸氣也會對散射造成影響。因此，**夕陽中的紅光散射至西邊的天空，這就是晚霞呈紅色的原因**。清晨東方的朝陽呈橘紅色也是同樣的原因。

晚霞

當太陽西沉接近地平線時，太陽光會在大氣層中經過長距離的傳播才到達我們的眼睛。在這個過程中，太陽光失去了容易散射的藍光，變得略帶紅色。此外，不易散射的紅光最後也會被散射至西邊天空，因此晚霞看起來呈現紅色。

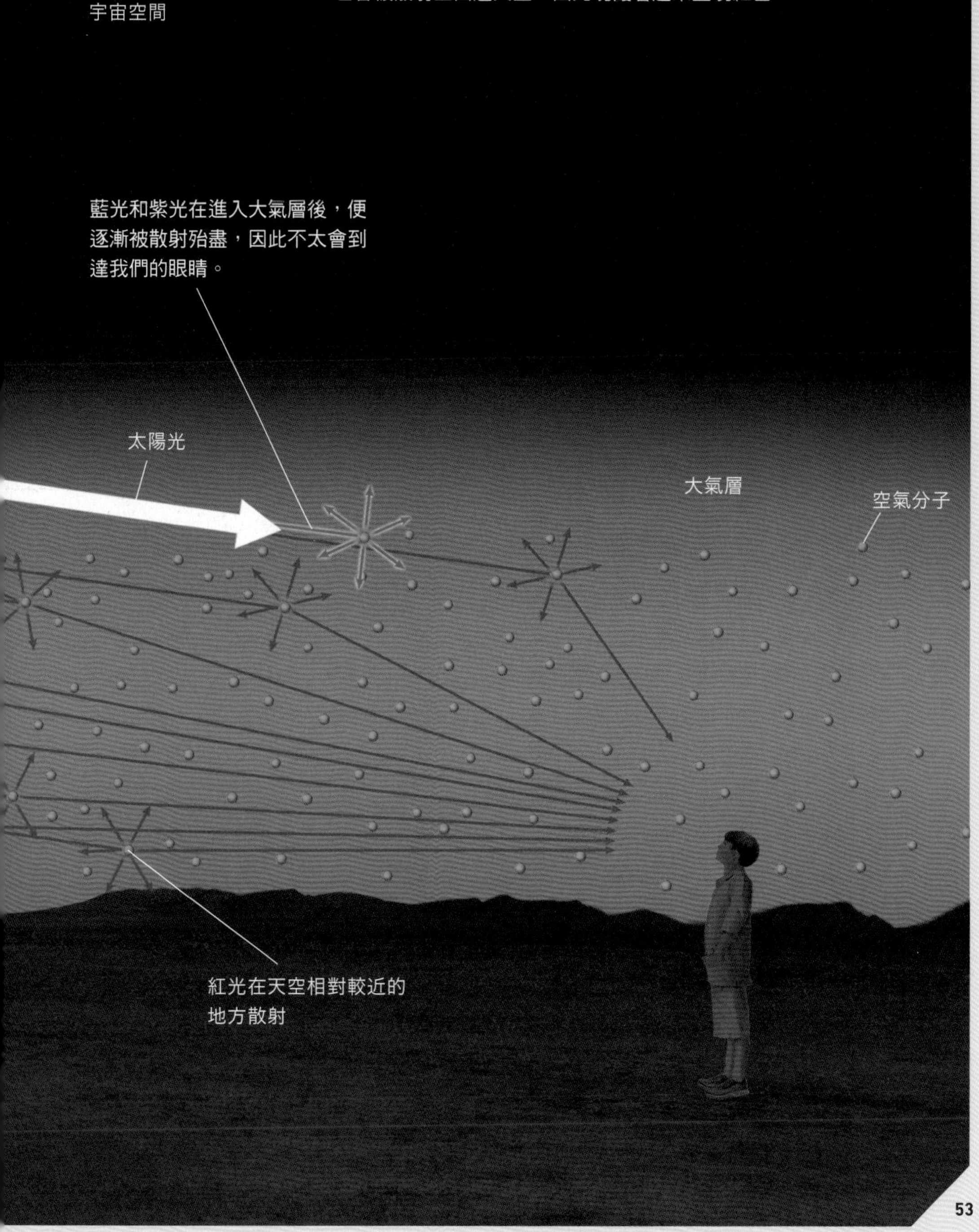

宇宙空間

藍光和紫光在進入大氣層後，便逐漸被散射殆盡，因此不太會到達我們的眼睛。

太陽光

大氣層

空氣分子

紅光在天空相對較近的地方散射

火星的晚霞和晨曦是藍色的

火星的白天天空呈現略帶紅色的粉紅色，這是因為其大氣中帶有塵埃，而含有氧化鐵的塵埃本身呈現紅色，且這些塵埃的大小適合散射太陽光中的紅光。

此外，由於火星的大氣稀薄，^{編註}白天太陽光不太會散射。**但在早晨與傍晚斜射進來的太陽光，必須在大氣層中前進很長的距離，因此太陽光中的藍光被充分散射，使得火星的晨曦和晚霞看起來都呈現藍色**。過去登陸火星的維京號（Viking）、精神號（Spirit）和機會號（Opportunity）等探測車都拍下了這幅夢幻般的景象。

或許在未來的某一天，你也可以在火星旅行時看見粉紅色天空下的藍色晚霞。

編註：火星的大氣層只有地球大氣層的百分之一，主要成分是二氧化碳，水氣只占0.03%，非常乾燥。

火星探測車「精神號」拍攝的火星晚霞

NASA的火星探測車「精神號」於2005年5月19日拍攝的火星夕陽。太陽周圍的火星晚霞看起來呈現藍色，愈遠離太陽則愈紅。

泡泡的顏色是如何形成的？

光波會彼此增強或減弱

顏色如彩虹般的泡泡

泡泡的奇妙色彩由光的干涉形成

下圖中，泡泡內部底面反射的光（A）比泡泡表面反射的光（B）多前進了X-Y-Z的距離，並產生干涉。X-Y-Z的距離隨著膜與眼睛之間的角度而改變，因此干涉的結果也會不同。

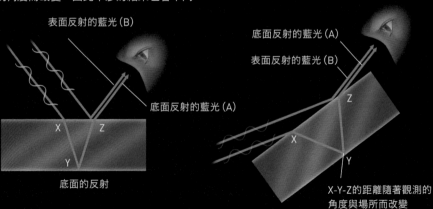

表面反射的藍光（B）

底面反射的藍光（A）

底面的反射

底面反射的藍光（A）

表面反射的藍光（B）

X-Y-Z的距離隨著觀測的角度與場所而改變

讓我們來探討泡泡繽紛多彩的顏色吧！

光也是一種波。波有「波峰」和「波谷」。當兩個波的波峰與波峰、波谷與波谷位置疊合時，波峰的高度與波谷的深度就會變成2倍。反之，當一個波的波峰與另一個波的波谷疊合，波就會互相抵消。**像這種多個波互相疊合，彼此增強或減弱的現象就稱為「干涉」**（interference）。

當白光照射到泡泡時，有些光會在薄膜的表面反射，有些光則會射入泡泡內部底面的薄膜再反射。這些反射光相互干涉後到達眼睛。**發生增強干涉的色光看起來會變亮，反之則變暗。**

光入射泡泡表面的位置不同，在泡泡內部底面的薄膜反射出來的距離也會改變，於是變亮的顏色也跟著不同。**泡泡奇妙的色彩就因此而誕生。**

步調完美配合，產生建設性干涉

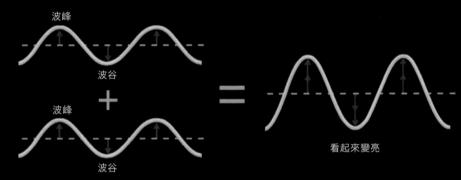

步調不一致，產生破壞性干涉

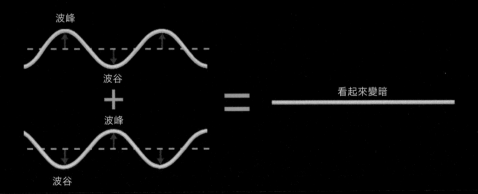

閃耀七彩光輝的生物祕密

細微的表面構造所形成的「構造色」
會隨著觀察的角度而改變明暗或色彩

自然界的構造色

大藍閃蝶

放大

物體的顏色通常是該物質本身的顏色。但像泡泡那樣的顏色，卻是由細微的薄膜表面構造所形成。像這種**細微的表面構造所形成的顏色就稱為「構造色」**（structural color）。

自然界中也能看到構造色。例如，棲息於中南美洲的大藍閃蝶的翅膀、吉丁蟲的翅膀、孔雀的羽毛、鮑魚殼的內側等，自然界中存在著許多構造色的例子。

構造色在化妝品、汽車塗裝、衣物纖維等領域的應用研究也不斷地進展。**擁有構造色的物體，會隨著觀察的角度而改變顏色或明暗，形成獨特的色彩。**

此外，利用產生構造色的原理來控制光的人工晶體也已經誕生，稱為「光子晶體」（photonic crystal）。

鱗粉的示意圖

白光

增強的藍光

約200奈米
（架子彼此的間隔）

鱗粉條紋

增強的藍光只在垂直於條紋的平面內擴散

大藍閃蝶的翅膀沒有藍色色素。其鱗粉層層堆疊，看起來就像架子一樣。各層的反射光互相干涉，形成鮮豔的藍色。由於增強的藍光利用架子在垂直於條紋的平面內擴散，因此從很廣的角度都能看到藍色。

為什麼關燈後馬上就變暗？

光立刻就被物體吸收，或者部分逸散出去

光消失在何處呢？

開燈的房間

關燈後馬上就變暗，是因為光被物體吸收了。光照射到物體時，會反射、穿透或被物體吸收。**即使是被某種物體反射，或是穿過透明物體的光，也會立刻又碰到其他物體，因此若沒有持續提供光線，反射光最終還是會被某個物體吸收並消失。**此外也有些光會透過玻璃窗等離開房間。

　　就算關燈後殘餘的光在房間裡繼續反射，但因為光速實在太快了，我們根本無法察覺。

　　附帶一提，吸收光的物體會稍微升溫。這是因為光的能量被用來使物體溫度升高。例如夏天穿黑衣服會覺得更熱，就是因為黑衣服會吸收光（可見光），使溫度升高的緣故。所有物體都會隨時釋放波長與其溫度相符的電磁波（主要是紅外線），稱為「熱輻射」（thermal radiation）。

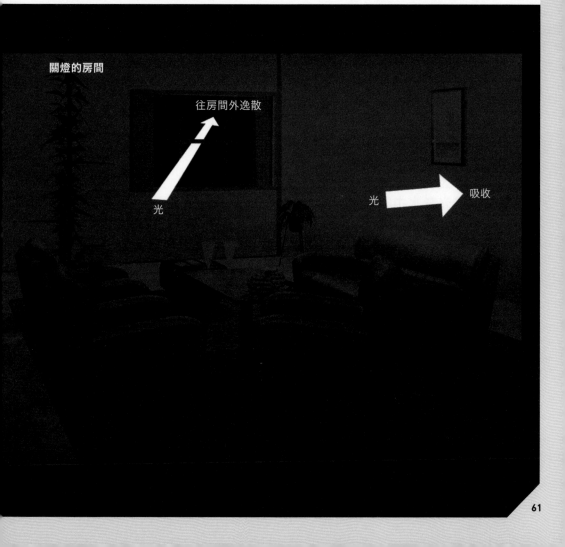

關燈的房間

往房間外逸散

光

光　　　　吸收

海水藍與天空藍
有什麼不同？

　　天空的藍是由波長較短的藍光與紫光撞擊空氣分子等大氣中的微粒子，引起散射的結果（第50～51頁）。但海水的藍則是水本身吸收光線所造成的結果。

　　當白光通過約10公尺深的水時，紅光會被吸收，幾乎無法繼續往下穿透。**這代表太陽光中的紅光在海水裡幾乎全被吸收，因此整體的光變得偏藍。這些光在水中散射後，就成為到達我們眼中的光。**

　　紅光之所以會被吸收，是因為水分子H_2O的振動。水分子中含有兩個氫原子與一個氧原子，這三個原子大約以100兆赫（每秒振動100兆次）的頻率振動。當振動頻率與其一致的光射進來時，光就會被吸收（與水分子產生共振）。編註1 而頻率100兆赫的光，所對應的就是波長約3微米（μm, 10^{-6}m）的紅外線編註2。因此波長約3微米的紅外線，完全無法穿透水。

　　海水的顏色因地而異。**雖然海水97%是水，但裡面溶解了各種物質。這些雜質也會吸收光，導致不同地方的海水顏色略有差異。**

編註1：當進入系統的外波頻率與系統波的固有頻率一致時（稱為共振頻率），就會產生共振，這時系統波會吸收外波，稱為共振吸收。

編註2：紅外線波長在760奈米（nm, 10^{-9}m）至1毫米（mm, 10^{-3}m）之間，對應頻率約在430兆赫（THz, 10^{12}Hz）到300吉赫（GHz, 10^9Hz）的範圍內。

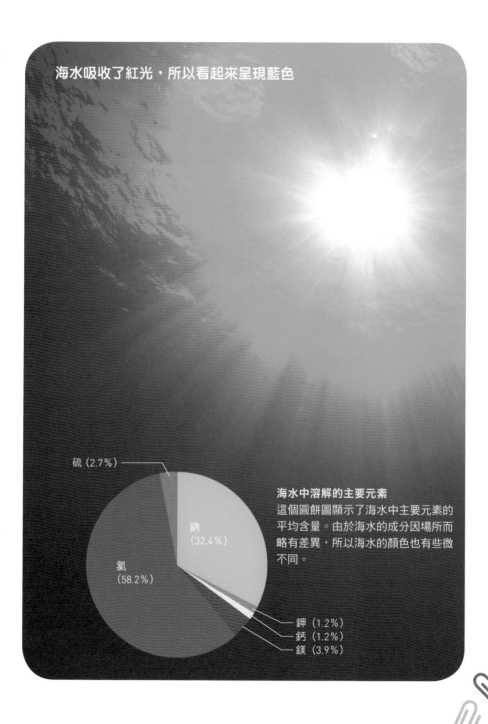

海水吸收了紅光，所以看起來呈現藍色

硫（2.7％）

鈉
（32.4％）

氯
（58.2％）

海水中溶解的主要元素
這個圓餅圖顯示了海水中主要元素的平均含量。由於海水的成分因場所而略有差異，所以海水的顏色也有些微不同。

鉀（1.2％）
鈣（1.2％）
鎂（3.9％）

3

光能夠呈現色彩

牛頓發現太陽光是無數種色光的集合體。但
牛頓自己卻說「光線本身沒有顏色」。這是
怎麼一回事呢？本章將探討光的 3 原色以及
色彩呈現的原理。

3種色光形成所有色光

紅、綠、藍是基礎的光色！

光的3原色

紅、綠、藍3色能夠創造出所有顏色，被稱為「光的3原色」。在英文中，紅色是「red」、綠色是「green」、藍色是「blue」，因此取其字首稱為「RGB」。

包含無數色光的太陽光呈現白色。事實上，只需將紅、綠、藍這3種色光混合，就會變成白光。更進一步來說，**只要改變紅、綠、藍這3種色光的亮度與組合，就能創造出所有色光。**

這點只要研究我們身邊的電視如何顯示顏色就會很清楚。

將電視顯示器放大來看，就會發現顯示器上的色彩是由發出紅、綠、藍光的3種小點所組成。由於我們的眼睛無法逐一辨識這些小點，只能察覺由這3種色光混合而成各種顏色區塊，電視顯示器便藉此呈現出色彩繽紛的影像。^{編註}

紅、綠、藍是所有色光的基礎，因此被稱為「光的3原色」。

編註：傳統電視是由陰極射線管（CRT）發射電子，撞擊塗有螢光粉的螢幕，產生紅色、綠色和藍色螢光點。目前的電視或電腦大多為液晶顯示器（LCD），藉由改變液晶分子的排列方向來調整光源透光率，透過紅、綠、藍三基色濾光膜，產生紅色、綠色和藍色像素，由像素矩陣組成彩色影像。

綠

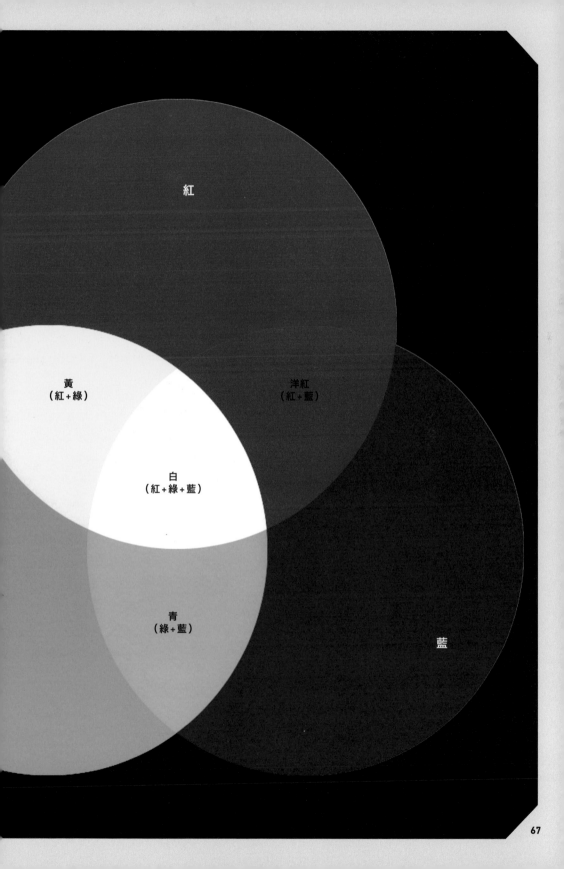

光線本身沒有顏色

光只不過是具有引起色彩感知的性質

什麼是色彩適應

無論房間裡的光線來自橙光燈泡，還是窗外的陽光，房間裡的白紙看起來都呈現白色。而就算戴上有色的太陽眼鏡，異樣感也很快就消失，這都是色彩適應現象。

牛頓曾經說過「光線沒有顏色」。顏色與其說是物理量，不如說是由人類視覺所創造出的心理量，光只不過是具有引起色彩感知的性質。

即使房間裡的燈泡發出橙色的光芒，在房間裡待一段時間後，白紙看起來依然是白色（左頁插圖）。這是因為人類的視覺會根據周圍環境修正色彩，因此白紙看起來才會讓人覺得沒有異樣。這稱為「色彩適應」（color adaptation）。

有時同一個顏色會因周圍的配色而看起來不同。下方插圖被稱為「蒙克錯覺」（Munker illusion）※。上方與下方的「Newton」文字使用完全相同的紅色寫成，但上方看起來接近紅紫色，下方看起來則接近橘色。這也顯示了色彩是一種心理量。

※：像「蒙克錯覺」這樣的色彩錯覺，在知覺心理學中稱為「色彩同化」（colour assimilation）。

同一種顏色也會因周圍的配色而看起來不同

上下的「Newton」文字使用完全相同的紅色寫成。夾在藍色條紋中的紅色部分，看起來像是帶點藍色的紅紫色（上）。而夾在黃色條紋中的紅色部分，看起來則像是帶點黃色的橙色（下）。這種現象稱為「蒙克錯覺」。

與下方的「Newton」文字使用完全相同的紅色寫成

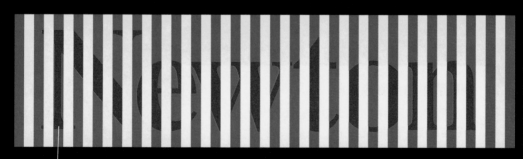

與上方的「Newton」文字使用完全相同的紅色寫成

「Newton」文字使用完全相同的紅色

眼底的紅、綠、藍感應器

色彩「誕生」自3種感應器所接收到的資訊

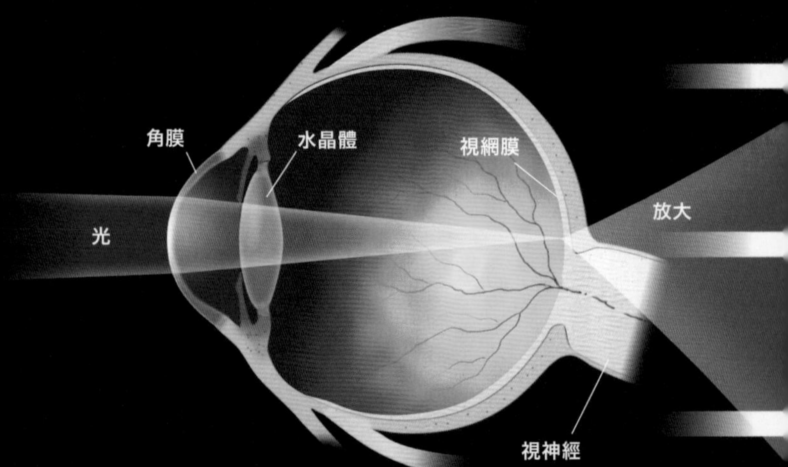

人眼剖面圖

角膜

水晶體

視網膜

光

放大

視神經

視網膜中的色彩感應器

到達視網膜的光會被視錐細胞接收。視錐細胞有3種，分別容易接收不同的光色。

※視錐細胞的插圖為了方便理解而著上顏色，但實際的視錐細胞並沒有顏色。

为什麼只靠著紅、綠、藍3種色光就能創造出所有顏色呢？其祕密就在於我們眼睛深處的「視網膜」。

我們的眼睛透過「角膜」與「水晶體」的「透鏡」來聚集光線，並由視網膜接收。**視網膜中有一種細胞稱為「視錐細胞」，負責感受光的顏色**。附帶一提，視網膜中還有一種細胞稱為「視桿細胞」，負責感受光的明暗。

視錐細胞有3種，分別容易接收「黃或紅」、「綠」和「藍或紫」。

3種視錐細胞接收的光量，隨著進入眼睛的光色而改變，而大腦就綜合這些資訊辨識出顏色。這代表只要巧妙地組合光的3原色，就能以不同的方式刺激3種視錐細胞，因此只要3原色就能讓我們感知到所有顏色。

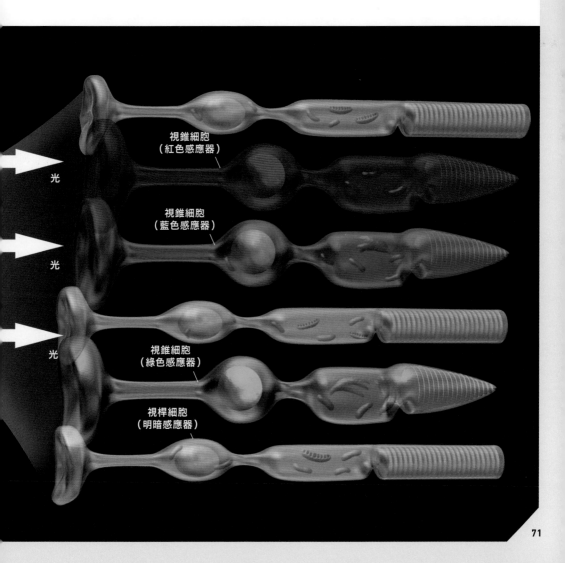

光

視錐細胞
（紅色感應器）

光

視錐細胞
（藍色感應器）

光

視錐細胞
（綠色感應器）

視桿細胞
（明暗感應器）

葉子看起來呈綠色，是因為反射的光色

因為不吸收綠光，所以看起來是綠色

白光
（含有各種顏色的光）

吸收綠色以外的光

光的反射與穿透

圖示說明植物綠葉的反射（**1**），與紅色墊板的穿透（**2**）。

1. 綠色的葉子會吸收綠色以外的光，只將綠色的光反射。

當我們看物體時，除非物體像顯示器那樣自己發光，否則物體如果不反射來自某個光源的光，我們就無法看見。

舉例來說，植物的綠葉會從光源的白光中吸收除了綠色以外的光，只將綠光反射，因此植物的葉子看起來就是綠色的。編註

更精確地說，植物的綠葉會吸收白光光譜中，波長接近紅色和藍色的光，並將剩餘的光反射出去。這些剩餘光的光譜，會讓人感知到綠色。這代表**植物就是因為不吸收綠光，所以才呈現綠色。**

那麼，半透明物體的顏色又是如何形成的呢？紅色的半透明墊板會吸收白光中紅色以外的光，只讓紅光部分反射、部分穿透。因此看起來就會呈現半透明紅色。

編註：植物的葉綠體中除了含有行光合作用並反射綠光的「葉綠素」之外，也含有「類胡蘿蔔素」（包括葉黃素），它會吸收葉綠素無法吸收的藍光等光能來行光合作用，並反射其他波長的光線，使該種植物呈現紅色或黃色。

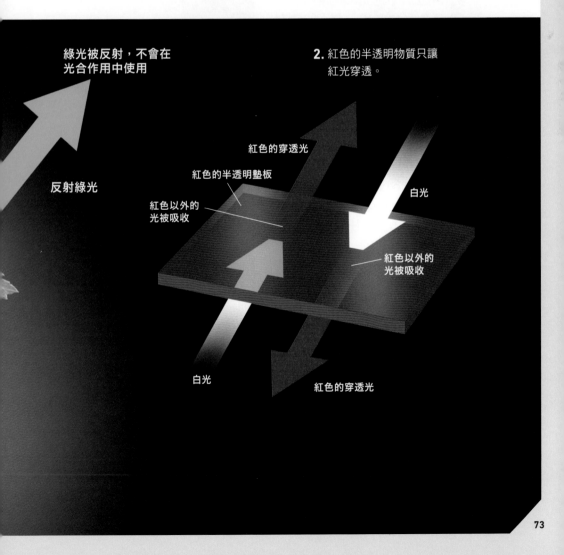

綠光被反射，不會在光合作用中使用

反射綠光

白光

2. 紅色的半透明物質只讓紅光穿透。

紅色的穿透光

紅色的半透明墊板

紅色以外的光被吸收

白光

紅色以外的光被吸收

紅色的穿透光

色彩３原色請用「減法」來理解

洋紅、青、黃是「色彩３原色」

顏料雖然不是光，但顏料的各種色彩也和光一樣，能夠利用3種顏色來創造。**這3種顏色稱為「色彩3原色」，分別是青色（cyan，明亮的藍色）、洋紅色（magenta，明亮的紫紅色）和黃色（yellow）。如果在白紙上依不同比例混合這三種顏料，就能創造出所有色彩。**編註

色彩3原色雖然與光的3原色相似，但實際上卻有著很大的不同。光的3原色等比例混合之後會變成白色，**色彩3原色等比例混合之後卻會變成黑色。**

這是因為色彩的減法所造成。青色是從白光中吸收紅光後，將剩下的光反射出來所呈現的色彩（白－紅＝青）。洋紅色是從白光中吸收綠光後所呈現的色彩（白－綠＝洋紅），黃色則是從白光中吸收藍光後所呈現的色彩（白－藍＝黃）。當這3種色彩混合在一起時，紅、綠、藍都被吸收，幾乎沒有任何光反射出來，所以看起來就是黑色（白－紅－綠－藍＝黑）。

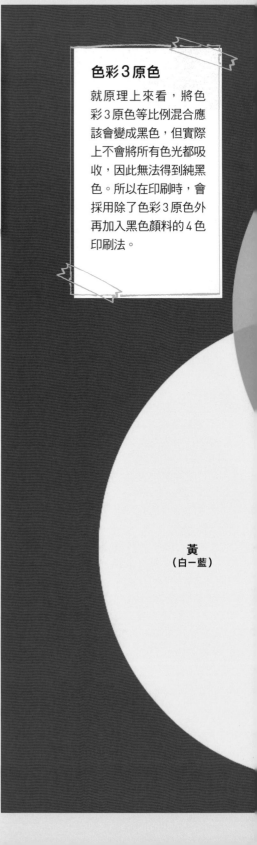

黃
（白－藍）

色彩３原色

就原理上來看，將色彩3原色等比例混合應該會變成黑色，但實際上不會將所有色光都吸收，因此無法得到純黑色。所以在印刷時，會採用除了色彩3原色外再加入黑色顏料的4色印刷法。

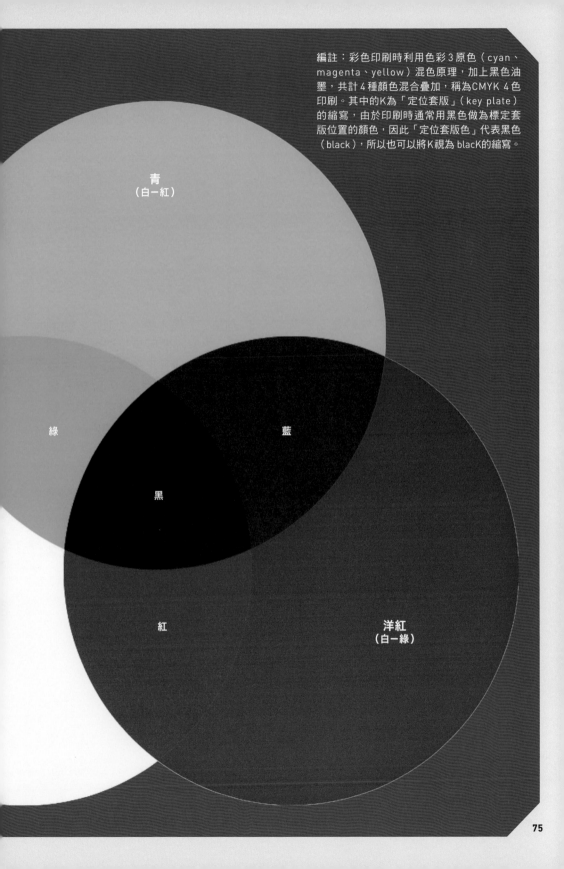

青
（白一紅）

綠

藍

黑

紅

洋紅
（白一綠）

編註：彩色印刷時利用色彩3原色（cyan、magenta、yellow）混色原理，加上黑色油墨，共計4種顏色混合疊加，稱為CMYK 4色印刷。其中的K為「定位套版」（key plate）的縮寫，由於印刷時通常用黑色做為標定套版位置的顏色，因此「定位套版色」代表黑色（black），所以也可以將K視為 blacK的縮寫。

紅寶石和藍寶石就像是「親戚」

紅色的剛玉是紅寶石
藍色的剛玉是藍寶石

鑽石等各式各樣的寶石能夠加工成飾品，受到人們喜愛。紅寶石與藍寶石都是其中之一。這兩種寶石看起來完全不同，但其實都屬於礦物「剛玉」（corundum）的一種。

剛玉是以天然結晶形式產出的氧化鋁（Al_2O_3），原本是無色透明的寶石。但如果含有約1%的「鉻」（Cr^{3+}），就會吸收紫色光與黃綠色光，能夠穿透、反射的主要只有紅光，因此呈現紅色。這種剛玉就稱為紅寶石。編註1

至於含有大約0.01%的「鈦」（Fe^{2+}）與「鐵」（Ti^{4+}）的剛玉，主要吸收藍色以外的光，剩下的光就使其呈現深藍色。這種剛玉則稱為藍寶石※。**紅寶石與藍寶石的主成分百分之98以上都相同，但因微量雜質的差異，使兩者呈現截然不同的顏色。**編註2

編註1：人造紅寶石中的鉻濃度可以在晶體形成過程中調整，比天然寶石低10～20倍。由於這些晶體中的鉻含量較低，呈現出比天然紅寶石更淺的紅色，被稱為粉紅寶石。

編註2：剛玉中若含有1%的鈦是無色的。若含有1%的鐵，則可能會看到非常淡的黃色。但如果同時含有0.01%的鈦和鐵，就會產生絢麗的深藍色。

紅寶石與藍寶石幾乎相同？
紅寶石與藍寶石都是名為剛玉的礦物，卻因各自所含的微量雜質不同，而產生了截然不同的色彩。

※：藍寶石（sapphire）是除紅寶石之外的剛玉總稱，正確來說應稱為「藍剛玉」（blue sapphire）。

剛玉的基本結構8面體
（無色透明或白色）

氧原子（O）

鋁原子（Al）

鋁原子被置換
成鐵原子與鈦
原子的部分
（呈現藍色）

中心置換成鉻原子的 8 面體
（呈現紅色）

鳥類看見的世界
比人類更加鮮豔？

鳥類似乎能看見紫外線

有趣的是，除了包含人類在內的部分靈長類動物外，多數哺乳類視網膜上感知光線與色彩的錐狀視蛋白（opsin，可以接收光的蛋白質，組成視錐細胞）都比人類少一種，只有2種。色彩是一種心理量，因此雖然無法說得很武斷，但據說像狗、貓、牛等哺乳類所看到的世界，或許不像人類看到的那樣色彩繽紛。

至於魚類、爬蟲類、鳥類和兩棲類的錐狀視蛋白則比人類多一種，總共有4種。例如鳥類似乎能看見人眼看不見的紫外線。**推測這些動物眼中的世界，有著與我們眼中的世界不同的色彩。**

有人認為，哺乳類的祖先在演化過程中經歷了長時間的夜行性，因此視蛋白退化成兩種。後來靈長類的祖先變成了晝行性，於是視蛋白又在演化過程中增加。也有人指出，這可能與人類開始食用色彩鮮艷的樹木果實等有關。

推測鳥類也能看見紫外線

右上方的照片是大杯水仙。另一方面，鳥類既擁有能對紫外線區域反應的視蛋白，也能看到可見光，因此眼中的花可能像右下方的照片那樣，彷彿像是兩張照片組合在一起的狀態。

看不見紫外線的人類眼中的花……

可見光照片
（人類眼中的花）

大杯水仙的可見光照片。

看得見紫外線的鳥類眼中的花……

紫外線照片
（鳥類眼中的花？）

上圖的花是以波長300～400奈米的紫外線所拍攝的照片。

天才畫家創造的獨特用色

維梅爾（Johannes Vermeer，1632～1675，荷蘭）的畫作《戴珍珠耳環的少女》（右圖）為什麼有名呢？

維梅爾是一名畫家，被譽為「光影大師」。這幅畫作中，左耳閃耀的珍珠並未畫出輪廓，只靠明暗對比法（chiaroscuro）來表現。而畫中最引人注目的應該就是藍色頭巾了吧？這種藍色的成分，是將青金石（lazurite，琉璃）的礦石粉碎後精製而成。

這幅畫運用了使藍色更為突出的「互補色」（complementary colors）技巧。具體來說，頭巾額頭部分的「藍色」和垂在後腦部分的「黃色」互為互補色。**使用互補色能使彼此的顏色更加鮮豔，具有調和整張圖畫的效果，讓人留下更加深刻的印象。**

19世紀晚期到20世紀早期，包括梵谷（Vincent van Gogh，1853～1890，荷蘭）、馬蒂斯（Henri Matisse，1869～1954，法國）等在內的許多西洋畫家，無論哪個流派，都運用互補色的原理創作作品。雖然互補色在美勞課或美術課中也會教到，但「不清楚哪兩個顏色為互補色」的人想必也很多。其實只要查看「色相環」（color wheel，右上圖），就能知道隔著中心遙遙相對的兩個顏色是互補色※。將互補色的顏料等比例混合在一起則會變成黑色或灰色（無彩色）。

這個色相環將可見光區域的顏色，從波長最長的紅色到波長最短的紫色，以圓環方式將頭尾連接起來。從物理角度看也是合理的排列方式。

※：顏料或墨水等畫材的互補色等比例混合在一起會變成黑色或灰色（無彩色）。但另一方面，將互補色的光等比例疊合在一起則會變成白色。

只要查看色相環，就能發現名畫用色的祕密！

下方《戴珍珠耳環的少女》是運用藍色與黃色互補色效果的經典名畫。如果想知道哪兩個顏色是互補色，只要查看右圖的色相環就能直觀地了解。編註

編註：在色相環圖中，圓心角成180度的兩端顏色為互補色；成100～179度的兩端顏色則稱為對比色（antagonistic colour）。

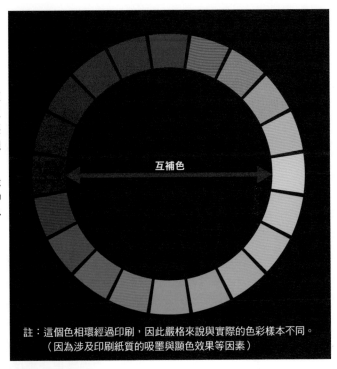

互補色

註：這個色相環經過印刷，因此嚴格來說與實際的色彩樣本不同。
（因為涉及印刷紙質的吸墨與顯色效果等因素）

《戴珍珠耳環的少女》（藍色頭巾的少女）

頭巾前額部分的「藍色」，與垂在後腦部分的「黃色」形成了鮮明的對比。一般認為，這幅畫並沒有實際的模特兒，只是呈現出穿戴著對當時歐洲人來說充滿異國情調的服裝與頭巾的女性形象，展現其個性與表情。
收藏於莫瑞泰斯皇家美術館（Mauritshuis，荷蘭）

4

直擊光的真面目

光具有波的性質。但究竟是什麼樣的波呢？
光其實是電與磁的波。電與磁就像是彼此相
似的兄弟。本章將詳細探討光的真面目。

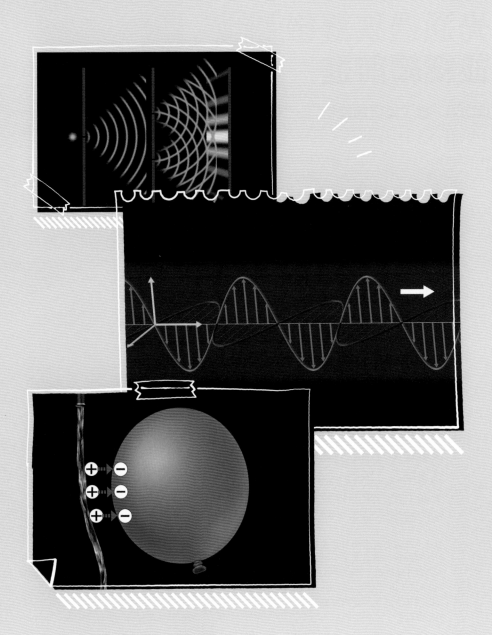

光通過狹縫後擴散並繼續前進

像海浪一樣，繞過障礙物

當石頭掉進池塘裡，波紋就會擴散開來。當某個地方發生某種振動時，振動就會像這樣以擴散的方式向周圍傳遞。這就是波的本質。

那麼，當傳播的路徑上出現障礙物時，波會如何前進呢？

請各位想像一下，如果海面上有一道防波堤，而防波堤上開了個狹小的縫隙。這時海浪會通過縫隙，在防波堤後方擴散並繼續前進。

光也像波一樣，會通過縫隙，在障礙物後方擴散並繼續前進。這種性質稱為「繞射」（diffraction）。不過，光的繞射只會在通過非常狹窄的縫隙時發生。編註

編註：波遇到寬度與其波長相當的縫隙時，繞射的彎曲模式最為明顯。縫隙的寬度愈大，繞射的彎曲模式愈不明顯。可見光的波長約800～400奈米（10^{-7}公分），因此一般縫隙的寬度都比光的波長大許多，繞射的彎曲模式極不明顯，無法察覺。

波的行進方向

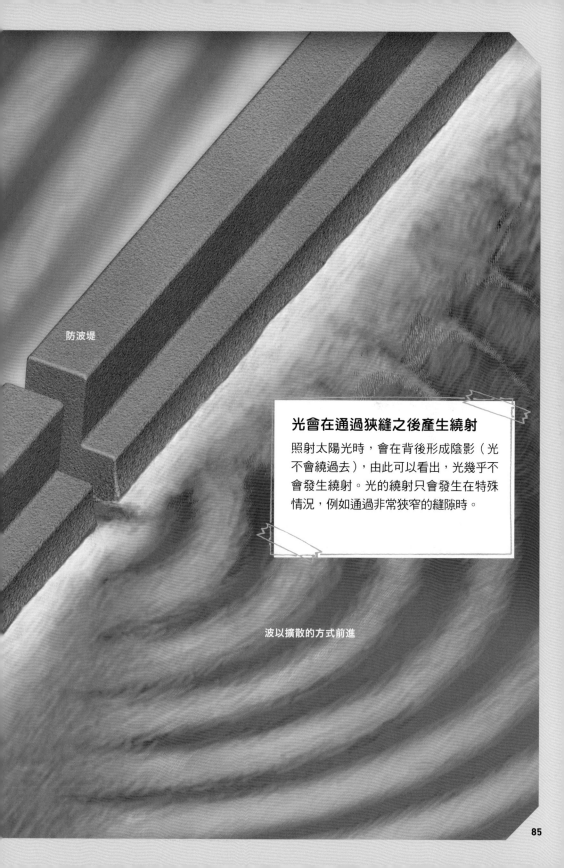

防波堤

光會在通過狹縫之後產生繞射

照射太陽光時，會在背後形成陰影（光不會繞過去），由此可以看出，光幾乎不會發生繞射。光的繞射只會發生在特殊情況，例如通過非常狹窄的縫隙時。

波以擴散的方式前進

證明光是「波」的實驗

光的干涉所形成的條紋圖案就是證據！

光的「干涉」與「繞射」現象，確認了其波動性質。接下來介紹托馬斯‧楊（Thomas Young）1803年所進行的「雙狹縫實驗」（double-slit experiment，又稱為楊氏干涉實驗）。

首先，在發光的光源前方，放置一塊開有一道狹縫（split）的板子，接著在板子前方，再放置另一塊開有兩道狹縫的板子，並在最前方放置一塊顯示光的屏幕。

如果光是會發生干涉與繞射的波，那麼通過第一道狹縫的光會發生繞射，並呈扇形擴散，接著通過第二塊板子上的兩道狹縫，**各自繼續發生繞射與擴散，進而發生干涉，彼此增強（建設性干涉）或減弱（破壞性干涉），並在屏幕上顯示出亮帶和暗帶條紋圖案**。這個條紋圖案確實在實驗中出現，而光的波動性也因此得到證實。

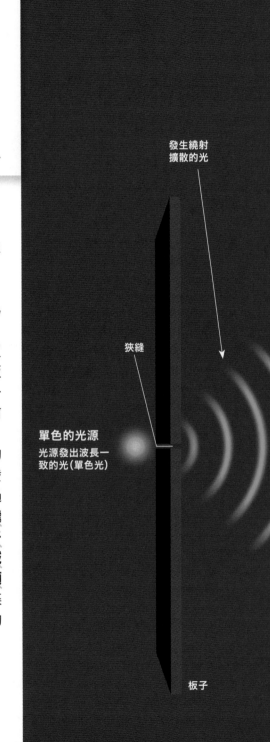

發生繞射擴散的光

狹縫

單色的光源
光源發出波長一致的光（單色光）

板子

光的干涉實驗

光的波動性可以透過下圖的干涉實驗來證明。插圖中的黃色線條代表「波峰」。當兩個波峰重疊時，就會產生彼此增強的干涉（建設性干涉），使該區域變得明亮。

狹縫 A

發生繞射的光

發生建設性干涉的點

屏幕

← 因建設性干涉而變亮的亮帶

← 因建設性干涉而變亮的亮帶

← 因建設性干涉而變亮的亮帶

← 因建設性干涉而變亮的亮帶

← 因建設性干涉而變亮的亮帶

← 因建設性干涉而變亮的亮帶

板子

狹縫 B

← 因建設性干涉而變亮的亮帶

紫外線和Ｘ射線都是「電磁波」

正確來說「光是電磁波」

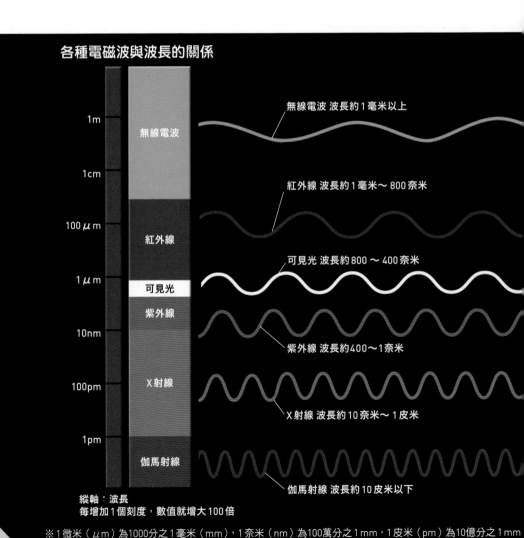

各種電磁波與波長的關係

無線電波 波長約1毫米以上

紅外線 波長約1毫米～800奈米

可見光 波長約800～400奈米

紫外線 波長約400～1奈米

X射線 波長約10奈米～1皮米

伽馬射線 波長約10皮米以下

（縱軸刻度）
1m
1cm
100μm
1μm
10nm
100pm
1pm

無線電波
紅外線
可見光
紫外線
X射線
伽馬射線

縱軸：波長
每增加1個刻度，數值就增大100倍

※1微米（μm）為1000分之1毫米（mm），1奈米（nm）為100萬分之1mm，1皮米（pm）為10億分之1mm

本書到此為止都說明「光是波」。但這到底是什麼意思呢？答案就是**「光是電磁波」**。

如同在第16頁所看到的，光有各式各樣的種類，包括伽馬射線、X射線、紫外線、可見光、紅外線、微波、無線電波，這些全部都是電磁波。

那麼「光是電磁波」的概念又是如何發現的呢？英國物理學家、「電磁學」（electromagnetism）的創始者馬克斯威爾（James Clerk Maxwell，1831～1879）根據理論計算，1865年推導出電磁波前進的速度約為每秒30萬公里。

馬克斯威爾所求出的電磁波速度與當時已知的光速（可見光的速度）幾乎一致。因此，馬克斯威爾推論「光就是一種電磁波」。

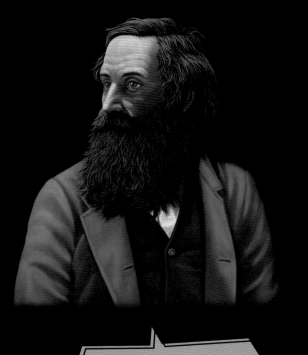

無線電波的主要發生源為通訊用天線、雷電等放電現象。

紅外線的主要發生源是所有帶熱量的物體。

可見光的主要發生源為太陽、白熾燈泡、螢光燈（發光二極體）等。
紫外線的主要發生源為太陽、捕蟲燈、紫外線燈等。

X射線的主要發生源為X光機和宇宙中的高能天體等。

伽馬射線的主要發生源為放射性物質和宇宙中的高能天體等

馬克斯威爾
(James Maxwell，1831～1879)

註：各種電磁波的波長範圍並未明確劃分，因此這些波長範圍會互相重疊。

直擊光的真面目

光是自然界中的
極速「飛毛腿」

光1秒鐘就可以繞地球7圈半

人類（尤塞恩·博爾特）編註
秒速約10公尺／時速約36公里
（光速的3000萬分之1）

汽車（跑車）
秒速約100公尺／時速約360公里
（光速的300萬分之1）

音速
秒速約340公尺／
時速約1224公里
（光速的88萬分之1）

超音速飛機（2馬赫）
秒速約680公尺／
時速約2448公里
（光速的44萬分之1）

編註：尤塞恩·博爾特（Usain Bolt，1986～），牙買加運動員，男子100公尺、男子200公尺與
男子400公尺接力的世界紀錄保持者、奧運金牌得主，被稱為地球上跑得最快的人。

秒速約30萬公里到底有多快呢？地球1周約為4萬公里，這代表，**光1秒鐘就可以繞地球7圈半**。

這樣的速度快到驚人，汽車、火車和超音速飛機等都遠遠比不上。**真空中的光速是自然界中最快的速度，這個速度無法超越**。根據愛因斯坦的狹義相對論，光速是宇宙中所有物質運動、訊息傳播的速度上限。

光速的精確數值為每秒鐘行進299,792,458公尺，這一數值之所以是精確值，是因為公尺的定義本身就是基於光速和國際時間標準的。光速的約略值則是在1849年由法國科學家菲左（Armand Fizeau，1819～1896）在實驗中測定出來。至於他進行了什麼樣的實驗，將在下一單元詳細說明。

光速是自然界最快的速度！

光速每秒約30萬公里。當我們以熟悉之物的速度與光速進行比較，就能清楚知道光速有多麼驚人。光速被認為是自然界中最快的速度。

光
秒速約30萬公里／
時速約10億8000萬公里

透過齒輪實驗即可測量出大致的光速

靈光一閃，利用旋轉的齒輪測量光速

菲左在一處鐘樓上利用強光源與高速旋轉的齒輪（齒數720個）測量光速。他首先將來自光源的光束射向轉動的齒輪，而通過齒輪間隙的光束（1）則會被遠方山坡的一面鏡子（距離8633公尺）反射回來。當光在齒輪與反射鏡之間極快速往返時，齒輪仍會微幅轉動。如果巧妙地將轉速調整到齒輪在這段往返期間轉動半齒，反射回來的光束就會被輪齒阻擋（2），這時觀測者的視野將會變暗。

如果再將轉速調快，使齒輪在光束往返期間剛好轉動1齒，這時反射光就會通過齒槽（3），進入觀測者的眼中，觀測者的視野也會變亮。

菲左就這樣利用視野變暗與變亮時的條件，測得光速約為每秒31萬公里[編註]**，而此一數值非常接近精確值。**

菲左的光速測定實驗

光源

凸透鏡
（聚焦強化遠方傳來的光線）

觀測者

光

半反射鏡（傾斜45°，既能將光源的光線反射至遠方的鏡子，又能讓遠方鏡子反射回來的光線穿透，進入觀測者的眼睛）

編註：齒輪開始轉動後，透過觀測鏡會觀察到亮光交替出現和消失，呈現閃光狀態；當齒輪轉速加快，明暗週期的交替會加速，閃光逐漸消失，只剩下連續的光點，視網膜不再能夠區分明暗週期。

當齒輪轉速達到每秒12.6轉時，該轉速允許光源的光線穿過齒槽，但在反射回來時被相鄰的輪齒遮擋，無法進入觀測者的眼中，視野因此變暗。當齒輪轉速達到每秒25.2轉時，反射回來的光線開始穿過下一個齒槽，光線再次進入觀測者的眼中，視野因此變亮。

菲左根據光線來回傳播的距離、齒輪的轉速、光線來回傳播所需的時間，計算出光速：$2 \times 8633m \times 25.2 \times 720/s = 313,274,304$ m/s

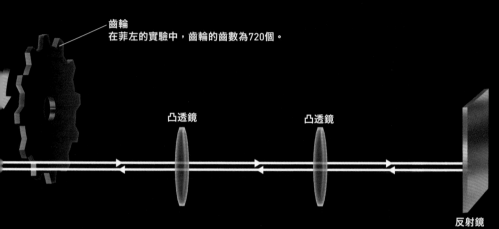

齒輪
在菲左的實驗中，齒輪的齒數為720個。

凸透鏡

凸透鏡

反射鏡

在菲左的實驗中，齒輪與反射鏡之間的距離約為9公里（8633公尺）。

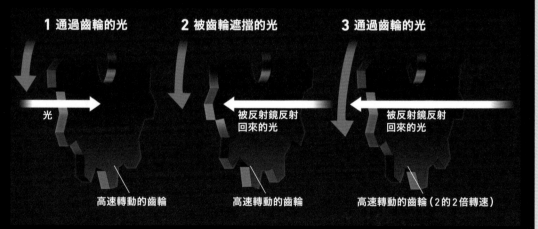

1 通過齒輪的光

2 被齒輪遮擋的光

3 通過齒輪的光

光

被反射鏡反射
回來的光

被反射鏡反射
回來的光

高速轉動的齒輪

高速轉動的齒輪

高速轉動的齒輪（2的2倍轉速）

即使反射回來的光被輪齒阻擋，無法進入觀測者的眼中，但在被阻擋前一瞬間，未被阻擋的反射光在
觀測者眼中仍有0.1～0.4秒的視覺暫留（persistence of vision），因此視野雖會變暗，但不至於全暗。

「磁鐵」掌握了光的真面目

光和電與磁有關

接下來將用數頁的篇幅,介紹「光是電磁波」代表什麼意思。而**理解「光是電磁波」的關鍵,就如電磁波這個名稱所顯示的,在於「電」與「磁」。**

或許有些人會感到不可思議:「光和電與磁有關嗎?」兩者之間其實有著密切的關係。為了理解光的真面目,我們將從電與磁的基本概念開始介紹起。

如果在磁鐵周圍撒上鐵粉,會形成右圖1的圖案。這是因為鐵粉受到磁鐵的影響,變成微小的磁鐵,並因為與N極和S極相互吸引而整齊排列。編註1圖**2**就是其示意圖。帶箭頭的線稱為「磁力線」。

若將小磁鐵放在磁力線形成的空間,小磁鐵會承受沿著該位置磁力線方向的「磁力」(圖1)。

而距離大磁鐵愈遠,作用在小磁鐵上的磁力就愈弱(**3**)。**這種磁力線形成的空間稱為「磁場」(magnetic field),具備產生磁力的特性。**編註2

編註1:磁鐵內部整齊排列的原子及其內部的電子也有N極和S極,都各自擁有磁力。磁鐵內部的磁力線的方向是S極指向N極。而在磁鐵外部,磁力線的方向則是從N極指向S極;磁力線愈密者,磁場愈強。

編註2:地球也具有磁場,來自太陽的帶電粒子到達地球附近時,地球磁場會迫使其中一部分沿著磁力線集中到南北兩極。當它們進入極地的高層大氣時,與大氣中的原子和分子碰撞,被短暫激發至高能態甚至電離態。在回到基態時,原子會放出特定波長的光,形成紅、綠或藍等色的光帶,圍繞著磁極,稱為極光。

磁力線與磁力

圖中畫出了磁鐵與鐵粉所形成的磁力線（**1**），以及磁鐵所形成的磁力線的示意圖（**2**）。在圖**1**中，作用在小磁鐵上的磁力（吸引力），隨著與大磁鐵的距離增加而變弱（**3**）。

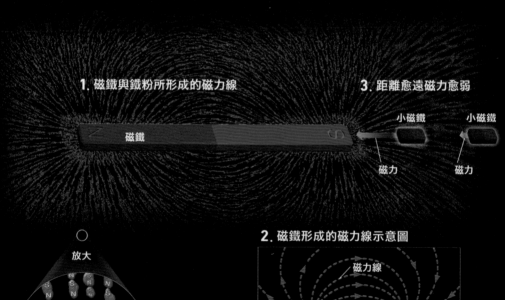

1. 磁鐵與鐵粉所形成的磁力線

磁鐵

3. 距離愈遠磁力愈弱

小磁鐵　　　　　　小磁鐵

磁力　　　　　　　磁力

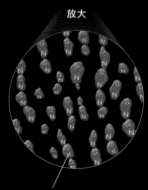

放大

鐵粉變成小磁鐵

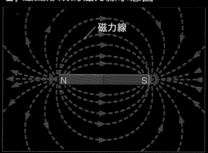

2. 磁鐵形成的磁力線示意圖

磁力線

N　　　　　　　S

根據規定，磁力線的箭頭方向必須從N極出發，進入到S極。

電與磁有許多相似之處

帶電物體周圍會產生電場

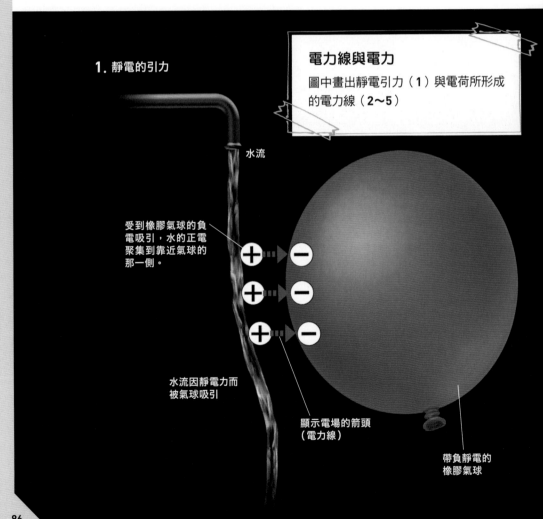

1. 靜電的引力

電力線與電力

圖中畫出靜電引力（1）與電荷所形成的電力線（2～5）

水流

受到橡膠氣球的負電吸引，水的正電聚集到靠近氣球的那一側。

水流因靜電力而被氣球吸引

顯示電場的箭頭（電力線）

帶負靜電的橡膠氣球

用面紙等摩擦橡膠氣球後，將氣球的摩擦面靠近水流，水流就會受到靜電力吸引。這是因為帶有靜電的橡膠氣球使得周圍空間產生了「電力線」，進而使帶電的水流受到「電力」影響。**這種產生電力線的空間就稱為「電場」（electric field），具備產生電力的特性。**

將許多小纖維浮在液體上，然後將帶有正電或負電的物體放入其中，就會產生如下圖2和3所顯示的圖案。小纖維將會因此帶電並整齊排列。圖4和圖5就是其示意圖。帶箭頭的藍色虛線是電力線。當在圖4中加入帶正電的小粒子時，小粒子就會承受沿著電力線箭頭方向的電力（排斥力）。電力的大小會隨著與中心電荷的距離增加而減弱。

對照上一單元的「磁力線與磁力」，可知磁與電非常相似。

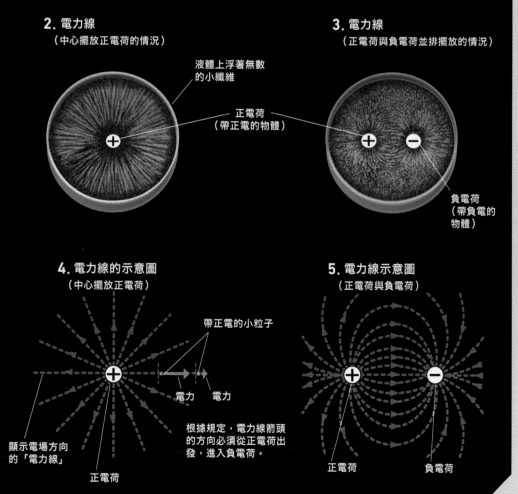

2. 電力線
（中心擺放正電荷的情況）

液體上浮著無數的小纖維

正電荷
（帶正電的物體）

3. 電力線
（正電荷與負電荷並排擺放的情況）

負電荷
（帶負電的物體）

4. 電力線的示意圖
（中心擺放正電荷）

帶正電的小粒子

電力　電力

顯示電場方向的「電力線」

正電荷

根據規定，電力線箭頭的方向必須從正電荷出發，進入負電荷。

5. 電力線示意圖
（正電荷與負電荷）

正電荷　　　　負電荷

電流通過線圈時會產生磁場

產生磁場，變成「電磁鐵」

為了深入了解光的本質，我們必須更詳細地認識電與磁這兩種相似現象之間的關係。接著就來探討「電與磁之間有何相關性」吧！

將導線捲成圓筒狀稱為「線圈」。**將線圈接上電源並通電，就會產生如右圖 1 的磁場，使線圈成為「電磁鐵」（electro-magnet）**。如果將線圈纏繞在磁芯上，電磁鐵的磁力將會更強。但無論是否纏繞於磁芯，線圈只要通電，就會成為電磁鐵。編註1

那麼，為什麼線圈通電後會成為電磁鐵呢？**當筆直的導線通電時，電流周圍會產生如圖 2 所示的磁場**。而將這條導線彎成環狀後通電，則會產生從環的一側穿環到另一側的磁場。如果這種環狀電流產生穿環的磁場彼此重疊，就會形成如圖 1 所示的電磁鐵磁場。編註2

編註1：電磁鐵的磁場集中在線圈中心的孔中。電流關閉時，磁場便消失。若在線圈中心添加一塊導磁材料（磁芯），可使磁場增加數百倍或數千倍。然而在使用交流電的變壓器、馬達和發電機中，電磁鐵的磁場會不斷變化，導致磁芯中的能量損失，以熱量的形式消散。

編註2：一般而言，電磁鐵所產生的磁場強度與直流電大小、線圈圈數（圈數愈多愈強）及中心的磁芯材料有關，電磁鐵相對於永久磁鐵的主要優點是可以透過控制電流量來快速改變磁場。廣泛運用於電動馬達、發電機、電動起重機、磁浮列車、粒子加速器等方面。

電流周圍產生磁場

圖中畫出線圈形成的磁場（1）與直線電流周圍形成的
磁場（2）。

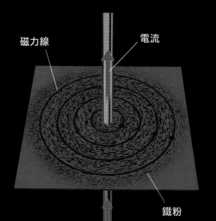

2. 直線電流周圍形成
的磁場

磁力線

電流

鐵粉

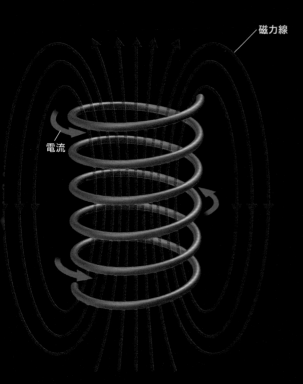

磁力線

電流

1. 線圈形成的磁場（電磁鐵）

線圈中如果有鐵芯，將會成為磁力更強
的電磁鐵。

磁鐵靠近線圈時會產生電場

電場沿著環狀導線形成

這回不將線圈連接上電源，而是嘗試將磁鐵插入再抽出線圈。結果明明沒有電源，線圈中還是有電流流動。這就是所謂的「電磁感應」現象（見右圖 **1** 與 **2**）。

電流是帶負電荷的「電子」流[1]。而要使電子移動，必須要有電場。這代表發生電磁感應時，線圈之所以會在磁鐵接近時產生電流，是因為電場沿著環狀導線形成，電子就因為這個電場而移動。

磁鐵周圍會產生磁場。當磁鐵靠近線圈時，線圈內部的磁場會逐漸增強。**事實上，「磁鐵靠近的線圈會產生電流」意謂著「當磁場變動時，就會在周圍產生電場」（3）**[2]。

另一方面，透過電磁學也可以知道「當電場變動時，周圍會出現磁場」。換句話說，「電場的變動會使周圍產生磁場」（**4**）。而這裡介紹的，電場與磁場之間的關係，與光的真面目密切相關。

[1]：不過，電流的方向被設定成與電子流（負電荷的自由電子在電路中移動）的方向相反。這是因為科學界在規定電流方向為正電荷在電路中移動的方向（實際上是負電荷在移動）後才發現電子（1899年）。當電子流的真實方向被發現時，「正」和「負」的命名法已經在科學界中得到了很好的確立，以至於沒有人企圖去改變電流方向的定義。

[2]：在一般的發電裝置中，磁鐵是固定的，線圈則在磁鐵產生的磁場中轉動。當線圈轉動時，通過線圈內部的磁場會隨時變動，使得電場因電磁感應而發生。這就是發電的原理。大型發電機通常採用旋轉電磁鐵設計，即引擎負責推動電磁鐵轉動，使固定的三相繞組（相角差120度且按一定規律排列和聯結的線圈）輸出電力。

電磁感應

圖中畫出磁鐵遠離線圈時的磁場（1）與磁鐵接近線圈時的磁場（2）。此外，也以示意圖畫出了電場因磁場變動而產生的機制（3），與磁場因電場變動而產生的機制（4）。

1. 磁鐵遠離線圈時的磁場

線圈

磁力線

線圈周圍的
磁場較弱

磁鐵
S

2. 磁鐵接近線圈時的磁場

產生電流
（產生電場）

線圈

線圈周圍的
磁場較強

放大

電子（移動方向與
電流・電場相反）

S 磁鐵

將磁鐵朝線圈
方向移動

產生電流（電場）

將磁鐵靠近時，線圈附近的磁場會增強，並產生電流

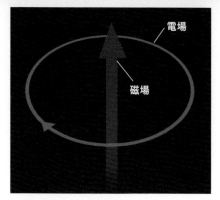

電場

磁場

3. 磁場變動會產生電場
當磁場朝紅色箭頭方向增強時，就會在藍色箭頭方向產生電場。

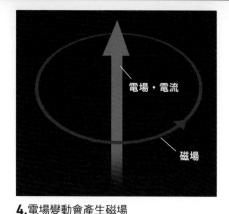

電場・電流

磁場

4. 電場變動會產生磁場
當電場朝藍色箭頭方向增強時，就會在紅色箭頭方向產生磁場。此外，當電流朝藍色箭頭方向流動時，紅色箭頭方向也會產生磁場。

電場與磁場如鎖鏈般串接在一起

改變電流時，磁場也會跟著改變

馬克斯威爾運用電磁學，獲得了與光的真面目有關的重大發現。接著就來回溯他的思考過程。

當電流的方向與大小隨時都在改變時，電流周圍的磁場也會跟著改變（1）。當電流的值發生增減，周圍的磁場也會隨之增減，當電流的方向反過來時，磁場的方向也會跟著反過來。

請各位回想前一單元所介紹的「當磁場改變時會產生電場，當電場改變時會產生磁場」。電流通過時（2-a）周圍就會產生磁場，而且磁場會隨著電流的變動而改變（2-b）。如此一來，磁場的變動又產生了新的電流（2-c），而這股新的電流同樣會隨著磁場的變動而改變，於是電場的改變又產生了新的磁場，而這個

磁場又繼續變動（2-d）。電場與磁場就這樣接連不斷地連續產生下去。

馬克斯威爾以「變動的電流」為契機，發現周圍的電場與磁場接連不斷地連鎖產生並前進。這就是「電磁波」。如同第88頁所介紹，馬克斯威爾還進一步推論電磁波與光是同一種現象。至於變動的電流，指的則是交流電（在一定時間內改變大小與方向的電流）或電流瞬間通過後又消失的放電現象等。固定的電流不會產生電磁波。此外，電磁波一旦產生，即使發生源的電流停止，依然會繼續傳播。編註

編註：電磁波是一種非機械波，不需依靠介質進行傳播，在真空中的傳播速度為光速，傳播方向垂直於電場與磁場的振盪方向。

電流與磁場的關係

下圖1畫出了電流的振動與磁場的振動。2-a～d則畫出了電場與磁場隨著電流的變動而連續產生的樣子。

1. 周圍的磁場也因振動的電流而振動

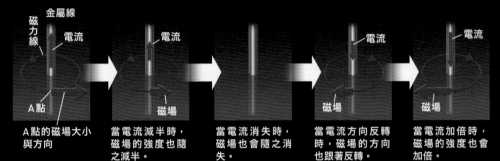

A點的磁場大小
與方向

當電流減半時，
磁場的強度也隨
之減半。

當電流消失時，
磁場也會隨之消
失。

當電流方向反轉
時，磁場的方向
也跟著反轉。

當電流加倍時，
磁場的強度也會
加倍。

註：插圖中只畫出在某個平面內，距離金屬線一定距離的磁力線。

2-a.
改變電流(交流、放電等)

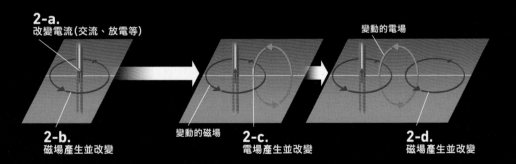

2-b.
磁場產生並改變

2-c.
電場產生並改變

2-d.
磁場產生並改變

電磁波能夠傳遞能量

能夠賦予電子動能

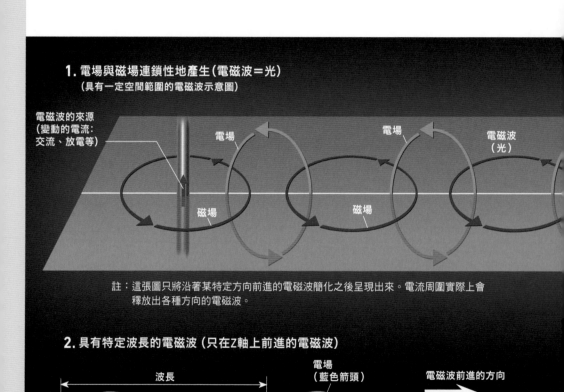

1. 電場與磁場連鎖性地產生（電磁波＝光）
（具有一定空間範圍的電磁波示意圖）

電磁波的來源
（變動的電流：
交流、放電等）

電場

電場

電磁波
（光）

磁場

磁場

註：這張圖只將沿著某特定方向前進的電磁波簡化之後呈現出來。電流周圍實際上會
釋放出各種方向的電磁波。

2. 具有特定波長的電磁波（只在Z軸上前進的電磁波）

波長

電場
（藍色箭頭）

電磁波前進的方向

Z軸

磁場
（紅色箭頭）

如前一單元所示，電場與磁場的產生是連鎖反應（1）。這個「磁場的環」與「電場的環」互相垂直。

圖1是擁有特定波長，沿著Z軸前進的電磁波，圖2則是其另一種形式的圖示。藍色與紅色的箭頭分別顯示Z軸上各點的電場‧磁場的方向與大小（強度）。這張圖中的電場與磁場也相互垂直。

當電磁波如圖3所示，朝向金屬線（例如天線）移動時，電子會根據電磁波的電場方向與大小，承受不同的作用力※。換句話說就是會產生電流。當電磁波通過時，電場會振動，電流的方向與大小也會隨之振動。

水面的波能使浮在其上的球振動。這代表水面的波能夠傳遞能量，賦予球體動能。而**電磁波也同樣能夠傳遞能量，賦予電子動能。**

※：電子等帶電粒子也會從電磁波的「振動磁場」承受作用力。不過多數情況下，都受到來自振動電場的影響支配。

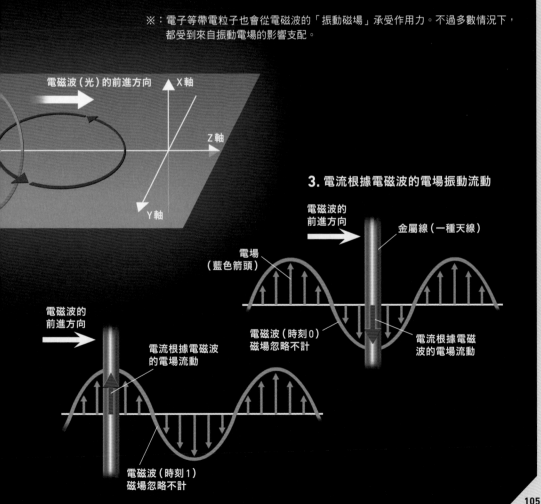

電磁波（光）的前進方向　X軸

Z軸

Y軸

3. 電流根據電磁波的電場振動流動

電磁波的前進方向

金屬線（一種天線）

電場（藍色箭頭）

電磁波（時刻0）磁場忽略不計

電流根據電磁波的電場流動

電磁波的前進方向

電流根據電磁波的電場流動

電磁波（時刻1）磁場忽略不計

電磁波的波長愈短，頻率愈高

伽馬射線的頻率高，無線電波的頻率低

1. 在Z軸上前進的電磁波

紅色與藍色的箭頭，顯示Z軸上各點的電場與磁場的大小及方向。

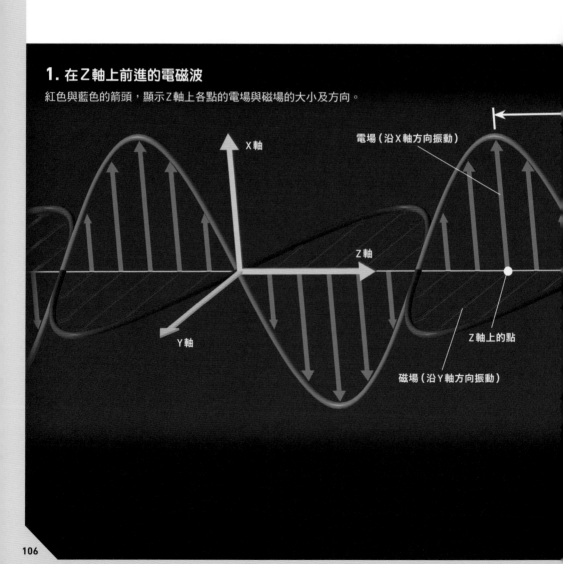

X軸

電場（沿X軸方向振動）

Z軸

Y軸

Z軸上的點

磁場（沿Y軸方向振動）

下圖呈現的是在 Z 軸上前進的電磁波。

電場的箭頭在電磁波的 1 個波長中會上下振動 1 次。此外，無論波長的長短，電磁波在真空中都是以每秒約 30 萬公里的速度前進。若仔細觀察電磁波通過的 Z 軸上的某一點，該點的電場會隨著電磁波通過而振動。

同樣地，磁場的箭頭也會在電磁波的 1 個波長中左右振動 1 次。

波的每秒振動次數稱為「頻率」（或振動數）。**波長愈短，頻率愈高（振動數愈多）**。這也代表，波長較長的無線電波^{編註}是頻率較低的電磁波。同理，波長較短的伽馬射線則是頻率較高的電磁波。

編註：當無線電波的頻率為 3 kHz 時，對應的波長達 100 公里，可以在山脈等障礙物周圍衍射並沿著地球表面進行傳播。當頻率為 300 GHz 時，對應的波長為 1 公釐，很難彎曲或衍射，因此傳播距離僅限於地平線。

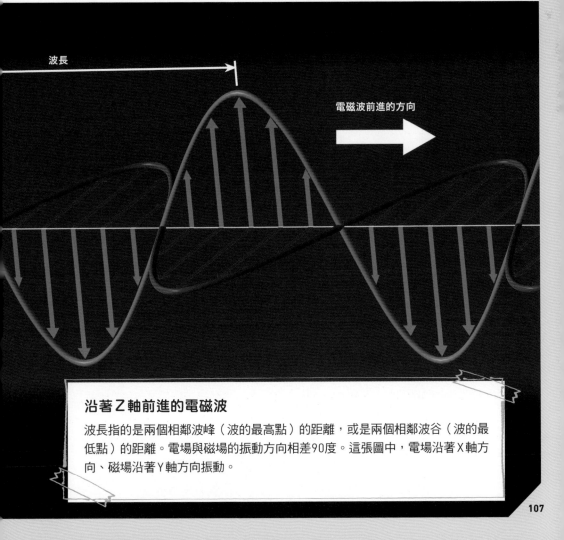

波長

電磁波前進的方向

沿著 Z 軸前進的電磁波

波長指的是兩個相鄰波峰（波的最高點）的距離，或是兩個相鄰波谷（波的最低點）的距離。電場與磁場的振動方向相差 90 度。這張圖中，電場沿著 X 軸方向、磁場沿著 Y 軸方向振動。

光並不是單純的波！

如果把光視為單純的波，有些現象無法說明

光同時具備波的性質與粒子的性質

即使將波長較長的光調亮並照射到金屬上，也無法激發出金屬中的電子，但如果是波長較短的光，即使光線較暗，電子還是會被激發出來。如果把光想成不只具備波的性質，還具備粒子的性質，就能說明這個現象。

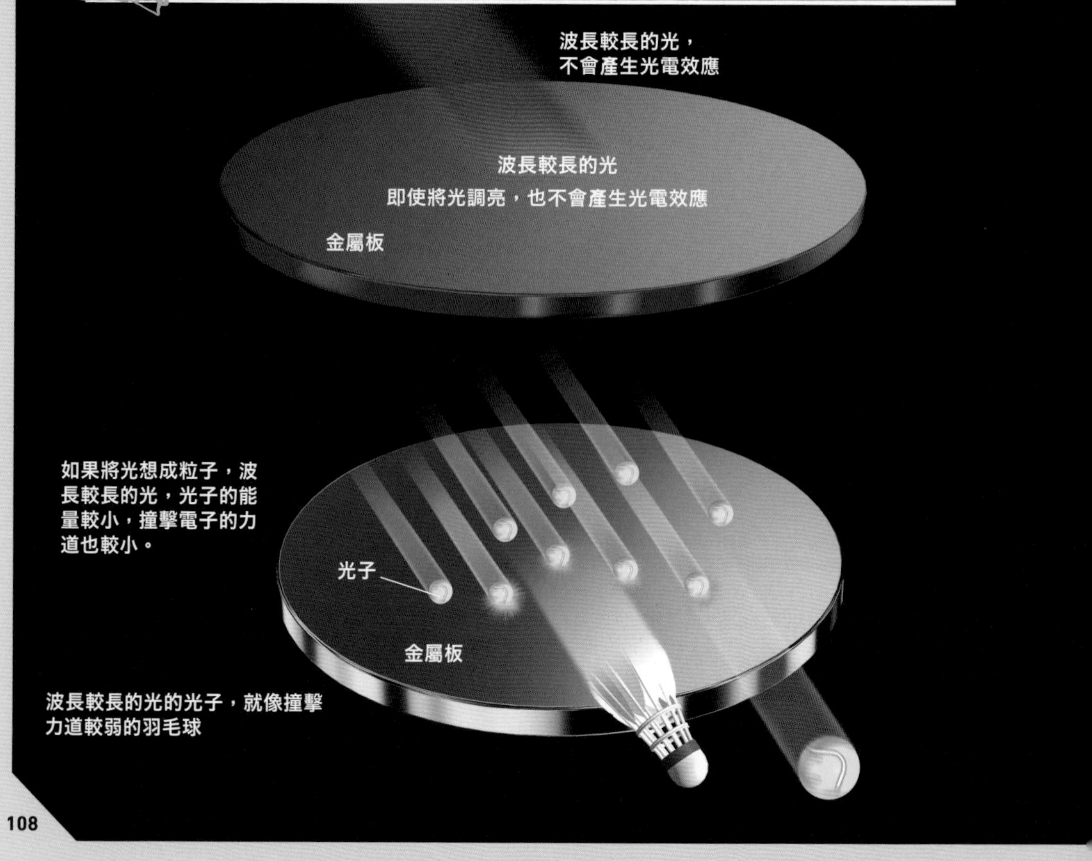

波長較長的光，
不會產生光電效應

波長較長的光
即使將光調亮，也不會產生光電效應

金屬板

如果將光想成粒子，波長較長的光，光子的能量較小，撞擊電子的力道也較小。

光子

金屬板

波長較長的光的光子，就像撞擊力道較弱的羽毛球

本書到此為止都介紹光是波，但事實上，若將光視為單純的波，有些現象並無法說明。例如，當波長較短的光照射到金屬上時，獲得光能的電子就會發射出來（光電效應）。

另一方面，波長較長的光無論再怎麼增加亮度照射，也無法使金屬上的電子發射出來。若將光視為波，那麼較亮的光振幅較大，電子也應該因為大幅度的振動而發射出來才對。

光能有最小的團塊（類似粒子的性質），這種團塊稱為「光子」（photon，又稱為光量子）。

光的亮度相當於光子的數量。一顆光子可碰撞一顆電子，波長長但能量小的光子即使數量眾多（明亮），也無法使電子發射出來。這與實驗結果相符，**顯示光同時具有波的性質與粒子的性質**。

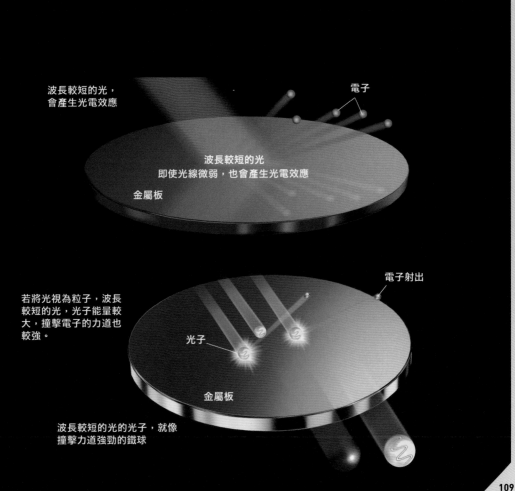

波長較短的光，
會產生光電效應

電子

波長較短的光
即使光線微弱，也會產生光電效應

金屬板

若將光視為粒子，波長較短的光，光子能量較大，撞擊電子的力道也較強。

電子射出

光子

金屬板

波長較短的光的光子，就像撞擊力道強勁的鐵球

光可以
移動物體？

光在沒有空氣阻力的宇宙空間
能夠移動物體

被 光照射的物體會承受來自光的壓力。物質中的電子等粒子會因為光所引起的電場與磁場的振動而受力。這些力積累起來，物體就會受到光的壓力。如果把這個現象想像成，物體被無數的小球（光子）撞擊，因此承受壓力，或許更直觀易懂吧！

　　光的壓力非常微弱，我們無法在日常生活中感受到。然而，**在沒有空氣阻力的宇宙空間中，物體一旦開始運動就不會停止。因此明顯展現微小光壓的例子很多。**

　　舉例來說，彗星的尾巴會在太陽光壓力和太陽風的作用下，朝太陽的反方向飄動。小行星探測器「隼鳥號」在進行飛行控制時，也考慮到太陽光的壓力。此外，2010年發射的太陽帆實驗機「IKAROS」，也採用了利用光壓推進的系統。

彗核

太陽

彗星軌道

彗尾

彗星
彗星的前端附近有個像雪球一樣的「彗核」，從那裡釋放出塵埃和氣體。

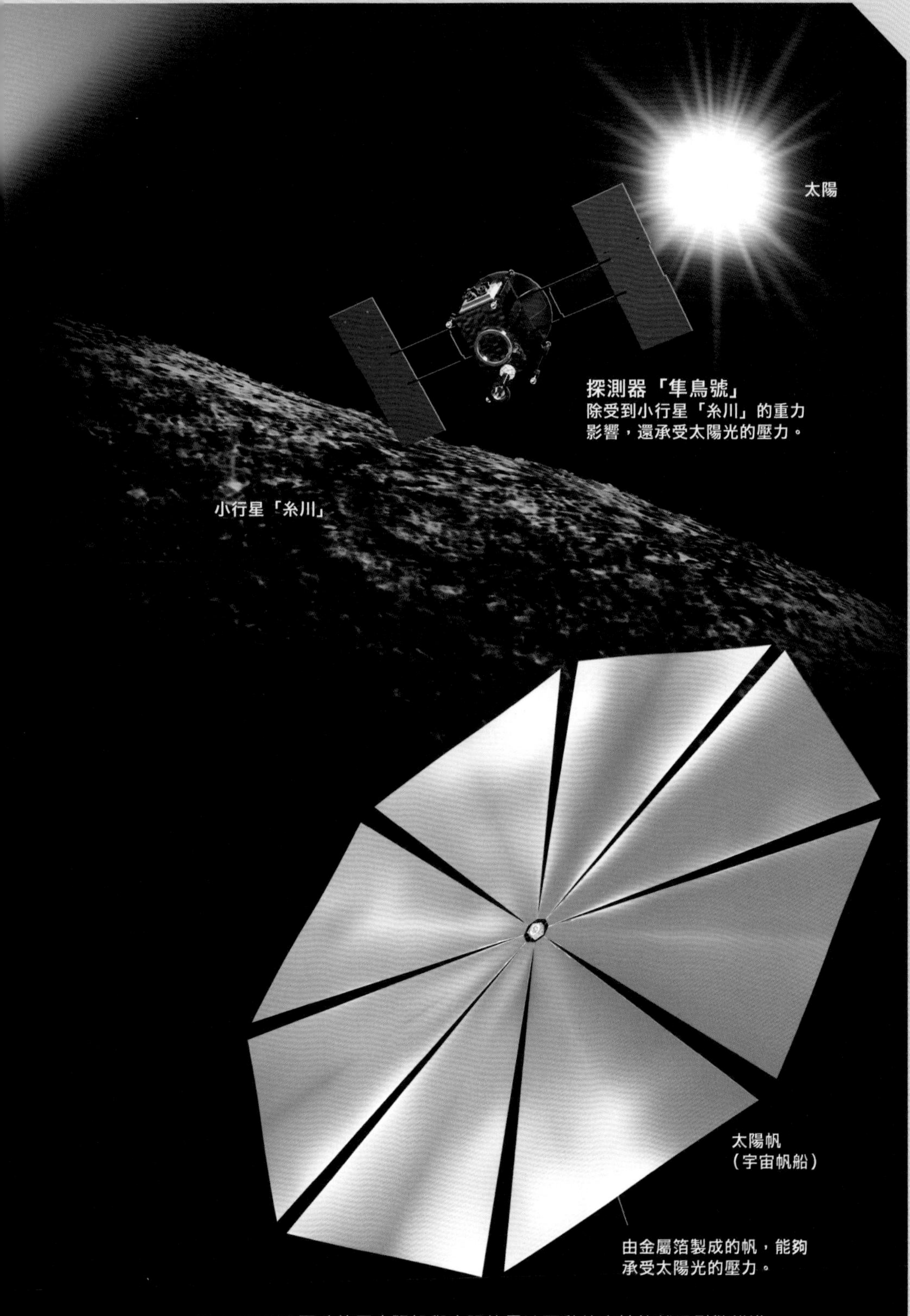

太陽

探測器「隼鳥號」
除受到小行星「糸川」的重力
影響，還承受太陽光的壓力。

小行星「糸川」

太陽帆
（宇宙帆船）

由金屬箔製成的帆，能夠
承受太陽光的壓力。

※：IKAROS同時使用太陽帆與太陽能電池驅動的高性能離子引擎推進。

5

利用光（電磁波）的性質

第4章介紹了光的本質是電磁波。而在第5章，我們將探討利用光的性質所發展出的各種技術。從日常生活中不可或缺的微波爐和LED燈泡，到最先進的雷射技術，光的應用範圍相當廣泛。

為什麼微波爐能加熱食物？

電磁波振動食物分子使其溫度上升

無線電波振動電子
產生電流

光（電磁波）是由帶電粒子（如電子）的振動所產生的。反之，光也可以振動電子等帶電粒子。

當無線電波傳遞到天線時，就會振動天線的電子，使其產生電流（第104頁）。**物質由分子組成，而微波會振動分子中的電子，進而振動整個分子。當分子的振動變得激烈時，溫度就會上升，使物質變熱。**這就是微波爐的原理。

紫外線、X射線和伽馬射線會將分子中的電子撞飛，破壞化學鍵。當這些電磁波照射到我們細胞中的DNA時，會導致DNA受損。

當光振動物質中的電子，光的部分能量會轉移給物質，因此會出現這樣的變化。

紅外線與微波振動分子，
加熱物質。

紅外線・微波

光會振動電子

光會振動電子，引起各種物質變化。
插圖中畫出無線電波與紅外線振動電子的例子。

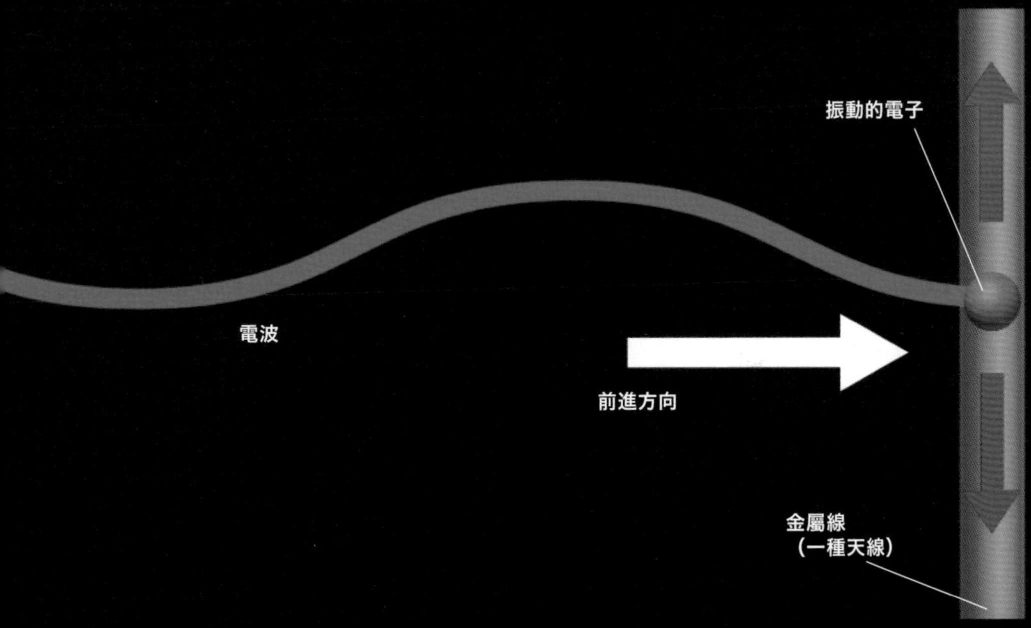

振動的電子

電波

前進方向

金屬線
（一種天線）

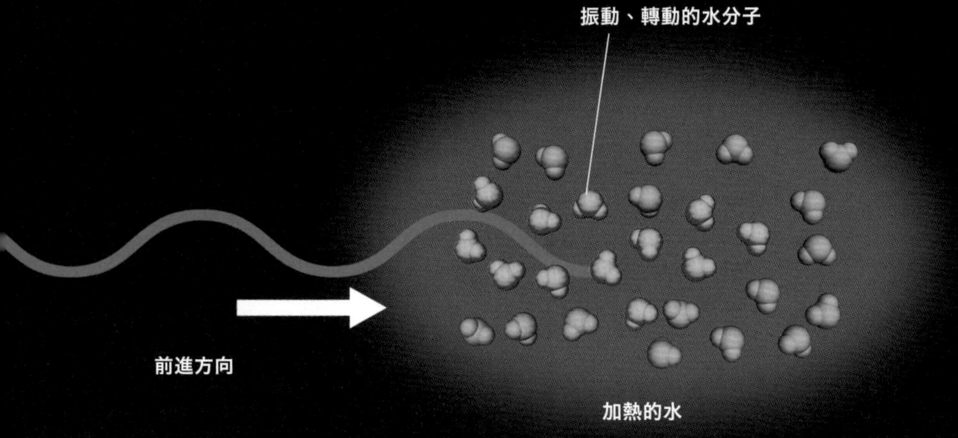

振動、轉動的水分子

前進方向

加熱的水

紅外線能使各種分子振動。而波長比紅外線更長的「微波」（也是一種電磁波），則能使水分子振動。微波爐正是利用這個性質，以微波來加熱水分。

我們的身體會釋放出紅外線

愈熱的物體會釋放出愈多紅外線

物質會根據溫度發光

物質會根據溫度發光（紅外線與可見光等）。溫度愈高的物質，會發出愈多能量高（波長短）的光。

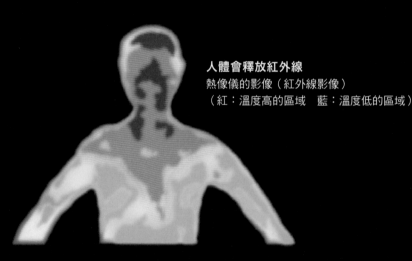

人體會釋放紅外線
熱像儀的影像（紅外線影像）
（紅：溫度高的區域　藍：溫度低的區域）

高溫的鐵會發出可見光
高溫的物體會發出可見光，光色隨溫度而改變。

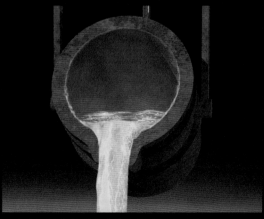

因高溫而熔化的鐵在高爐中發出明亮光芒

紅外線能夠加熱物質，反之，各種物質也會根據其溫度釋放出相應量的紅外線。

　　舉例來說，紅外線電暖爐藉由電流通過加熱器使其溫度上升，進而釋放出強烈的紅外線。雖然平時不易察覺，但我們的身體也會釋放紅外線。熱像儀（thermography）就利用此一特性，將物質的溫度分布可視化。

　　至於製鐵用的高爐等溫度更高的物質，會發出波長比紅外線更短的可見光，因此綻放明亮光芒。溫度愈高，短波長的成分愈多，因此會隨著溫度改變色彩。而利用這一特性可以正確得知高爐內的溫度。

　　高溫物質中的原子與分子會劇烈運動，擁有龐大能量。波長愈短的光，攜帶的能量愈大。因此，溫度愈高的物質，會發出愈多短波長的光，稱為熱輻射。

白熾燈泡也是熱輻射
白熾燈泡的燈絲因高溫而發出可見光。

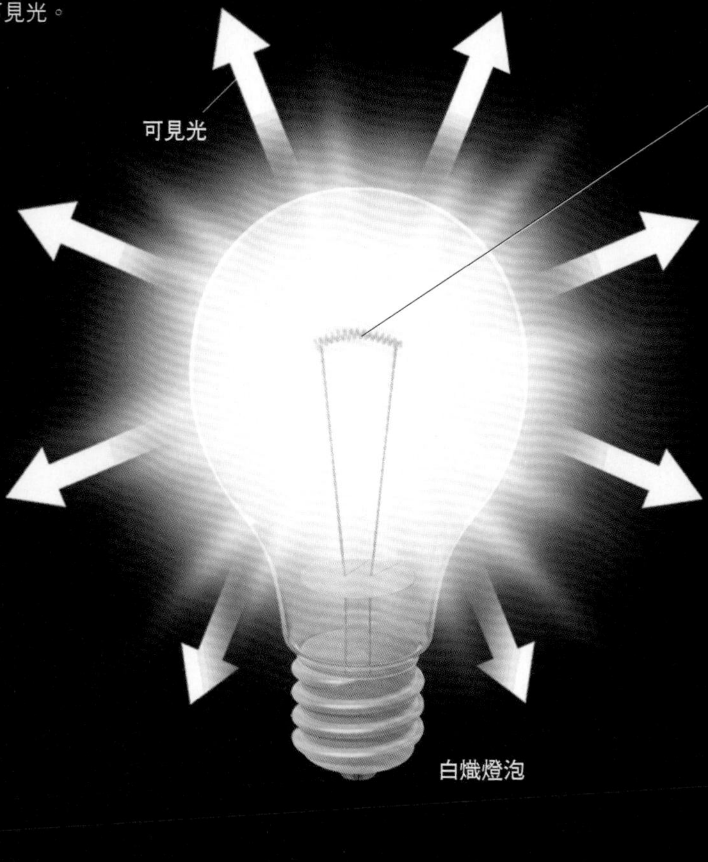

可見光

燈絲

白熾燈泡

星體為什麼會呈紅色或藍色？

星體因表面溫度而綻放不同顏色的光芒

溫度愈高的物質，會釋放出能量愈大（波長愈短）的光。幾乎我們周遭所有物質所釋放的光都以紅外線為主。那麼在宇宙中又是什麼情況呢？

宇宙中有許多像太陽一樣，能夠自己發光的「恆星」。這些恆星因核融合反應而變得非常高溫，從表面就能發出可見光。

溫度愈高，能夠釋放出愈多短波長的可見光，因此恆星的顏色會隨著其表面溫度而改變。舉例來說，表面溫度約攝氏3300度的恆星看起來呈現紅色，表面溫度約攝氏6300度的恆星看起來則呈現黃色。至於表面溫度超過攝氏1萬度的恆星，看起來則呈現藍白色。我們在夜空中可以看到各種不同顏色的閃亮星體，有些看起來偏紅，有些看起來偏藍白，就是這個緣故。而只要分析星星的顏色，就能推測其表面的溫度。

星體的顏色代表不同的表面溫度

像太陽這樣的恆星溫度非常高，因此能夠釋放出可見光。由於溫度不同，釋放的可見光顏色（波長）也不同，因此我們可以說，恆星的顏色取決於其表面溫度。

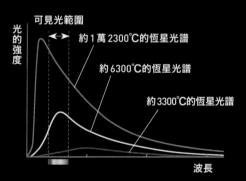

可見光範圍

光的強度

約1萬2300℃的恆星光譜

約6300℃的恆星光譜

約3300℃的恆星光譜

波長

上圖顯示當恆星的表面溫度變化時，其所發射的光譜（波長對應的強度分布）如何改變。表面溫度攝氏3300度的恆星，在可見光範圍內呈紅色；表面溫度攝氏6300度的恆星呈黃色；而表面溫度攝氏1萬2300度的恆星則以藍色和紫色的光最強。

參宿七

參宿七（獵戶座β）

直徑約為太陽的50倍。表面溫度超過 1 萬℃，呈藍白色。位於獵戶座的0.1等星。

巴納德星

巴納德星

直徑約為太陽的0.2倍。表面溫度約3400℃，呈紅色。位於蛇夫座的9.5等星（肉眼看不見）。

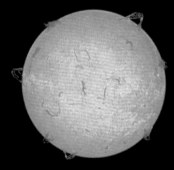

太陽

表面溫度約為6000℃。

各種顏色的煙火

各種原料的焰色反應不同
分別呈現獨特的色彩

物 質不只會根據溫度發光。高溫物質中所含的原子，也會根據原子的種類（元素）發出與顏色（波長）相應的光，稱為「焰色反應」（flame reaction）編註。例如，鈉會發出黃光，鋰會發出紅光，鉀會發出紫光等。

煙火就利用焰色反應製成。煙火的鮮豔色彩，就是由各種原子所發出的色光組成。

編註：每種元素的離子都有其個別的光譜，當受熱時原子的電子會躍遷至較高的不穩定能階，接著會釋放一定頻率的光子（產生焰色反應），以便回到原本穩定的能階。

煙火的焰色反應

煙火鮮豔的色彩，就是利用原子的焰色反應形成。舉例來說，紅色的煙火是由鍶的化合物製成，黃色的煙火是由鈉的化合物製成等。

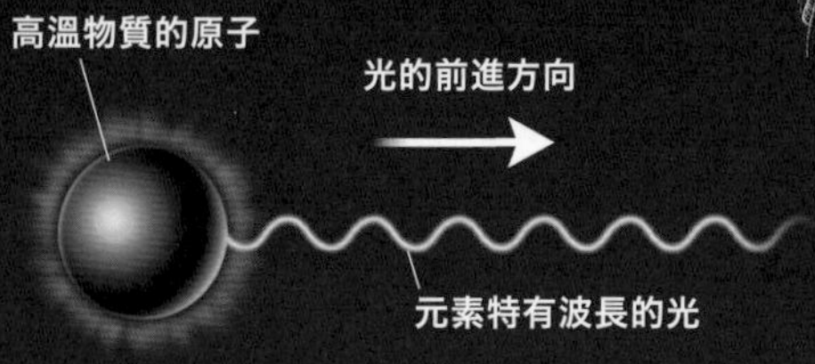

高溫物質的原子

光的前進方向

元素特有波長的光

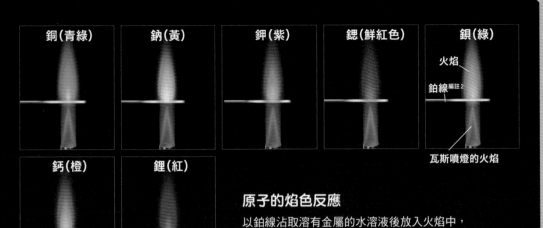

銅（青綠）　鈉（黃）　鉀（紫）　鍶（鮮紅色）　鋇（綠）

火焰
鉑線 編註2
瓦斯噴燈的火焰

鈣（橙）　鋰（紅）

原子的焰色反應

以鉑線沾取溶有金屬的水溶液後放入火焰中，
火焰就會呈現該金屬元素特有的顏色。

變換軌域時會發光的電子

因躍遷的「能階」差距釋放出能量

原子為何會根據其種類而發出不同波長的光呢？這是因為原子核周圍有一層層「軌域」，電子就分布在軌域上。

距離原子核愈遠的軌域能量愈高，假設這個軌域為「2階軌域」（插圖）；距離原子核更近的軌域，即能量較低的軌域為「1階軌域」。當電子從「2階軌域」躍遷至「1階軌域」時，其所含的能量將會減少，而減少的能量就會被釋放出來。

這股釋放出的能量正是焰色反應中所發出的光。電子在軌域間躍遷時的能量變化隨種類而異。這代表**原子釋放出的光能也隨著其種類而改變，因此發出的光也有不同的顏色（波長）**。

電子在軌域間躍遷時會釋放‧吸收光

圖中描繪了電子在軌域間躍遷時釋放或吸收光的過程。這裡簡單地將電子的軌域分為1階和2階，但實際上還存在著許多不同能量的軌域。

註：穩定的原子通常如插圖般不會釋放光。當電子從外界獲得能量時，會躍遷到較高的不穩定軌域，而當其再次回到較低的穩定軌域時，就會釋放出光。

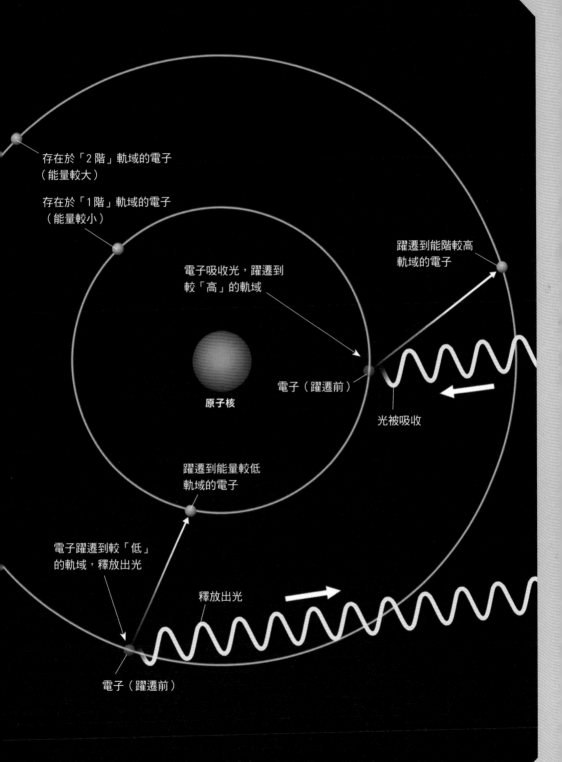

存在於「2 階」軌域的電子
（能量較大）

存在於「1 階」軌域的電子
（能量較小）

電子吸收光，躍遷到
較「高」的軌域

原子核

電子（躍遷前）

躍遷到能階較高
軌域的電子

光被吸收

躍遷到能量較低
軌域的電子

電子躍遷到較「低」
的軌域，釋放出光

釋放出光

電子（躍遷前）

透明的物質與其他物質有什麼不同？

玻璃的分子立刻釋放出捕捉的可見光

可見光能夠穿透玻璃，但遠紅外線與紫外線無法穿透

玻璃對於可見光而言是透明的，但對於遠紅外線和紫外線而言卻不透明。這是因為玻璃分子的振動頻率與遠紅外線和紫外線的振動頻率相當，因此會吸收這些光線，使其無法反射與穿透。

可見光的「吸收」與「重新釋放」的連鎖反應

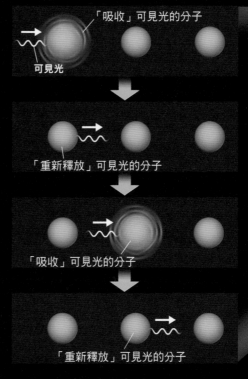

「吸收」可見光的分子

可見光

「重新釋放」可見光的分子

「吸收」可見光的分子

「重新釋放」可見光的分子

玻璃是透明的，可以透過玻璃看到另一邊。這是因為可見光能夠穿透玻璃。**玻璃中的分子雖然會先「吸收」進入的可見光，但瞬間就再度釋放出來。這使得可見光能夠穿透玻璃，使玻璃看起來呈現透明。**

話說回來，雖然都是光，遠紅外線（far infrared）編註與紫外線的情況卻不同。玻璃分子（電子）具有特定的振動頻率（每秒的振動次數），這個頻率與光線中遠紅外線和紫外線的振動頻率相當。因此，當遠紅外線和紫外線進入玻璃時，玻璃中的分子會吸收這些光線並開始共振，使得遠紅外線和紫外線無法穿透玻璃。**對於遠紅外線和紫外線來說，玻璃並不是透明的。**

編註：根據ISO 20473的分類，近紅外線波長0.8～3μm，中紅外線波長3～50μm，遠紅外線波長50～1000μm（對應頻率約20THz～300GHz）。但天文學上則將遠紅外線定義為波長25～350μm之間的電磁波。

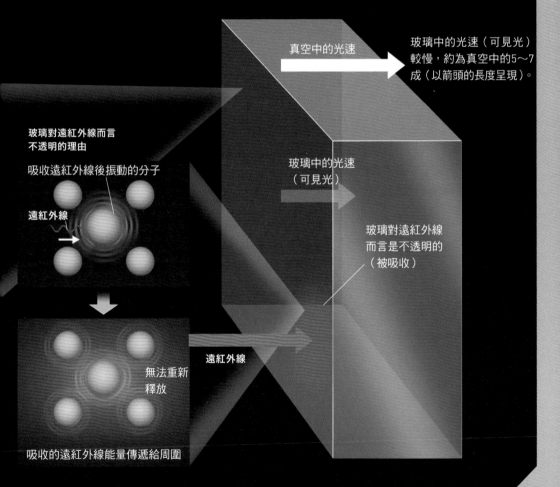

真空中的光速

玻璃中的光速（可見光）較慢，約為真空中的5～7成（以箭頭的長度呈現）。

玻璃對遠紅外線而言不透明的理由

吸收遠紅外線後振動的分子

遠紅外線

玻璃中的光速（可見光）

玻璃對遠紅外線而言是不透明的（被吸收）

無法重新釋放

遠紅外線

吸收的遠紅外線能量傳遞給周圍

光觸媒所發揮的清潔效果

用光分解汙垢，去除汙垢

城市中使用的光觸媒

光觸媒具有不易附著髒汙、用水即可沖走髒汙、能夠分解氣味、能夠殺菌、不易起霧等機能，因此被使用於各種用途。

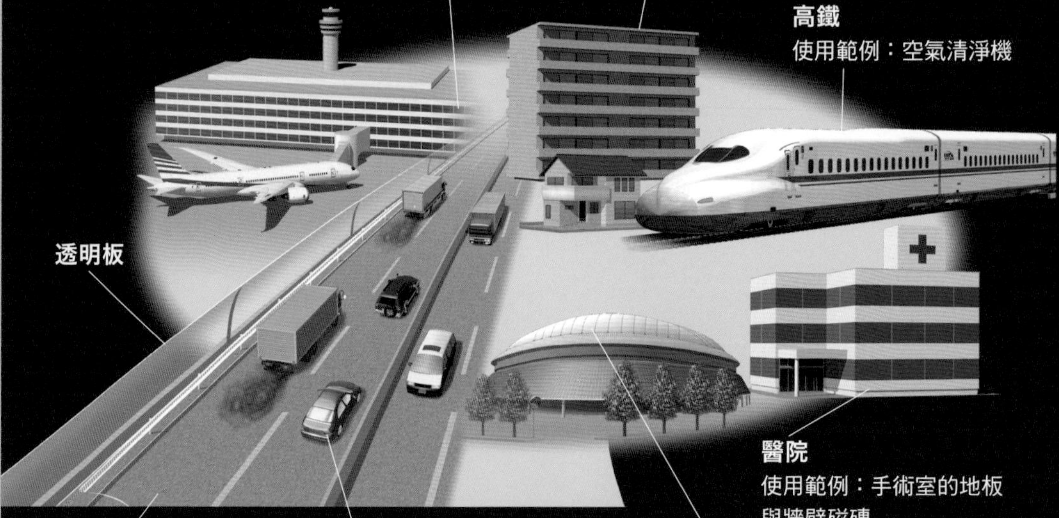

辦公大樓與住宅
使用範例：玻璃窗、空氣清淨機、廁所、外牆、房間的壁紙

機場
使用範例：玻璃窗

高鐵
使用範例：空氣清淨機

透明板

道路
使用範例：反射鏡、視線誘導標、高速公路的透明板

汽車
使用範例：車門後視鏡

巨蛋
使用範例：屋頂

醫院
使用範例：手術室的地板與牆壁磁磚

利用光能加速化學反應的物質稱為「光觸媒」（photocatalysis）。使用光觸媒的廁所、外牆、玻璃窗等較不容易髒，因此被應用於各種場所。

一般的光觸媒是「二氧化鈦」，這是一種優異的材質，具有 2 種自淨（self-cleaning）效果。第一種效果是「光觸媒分解」（photocatalytic water splitting）^{編註}。當二氧化鈦暴露在光線（紫外線）下時，附著於其表面的有機物（含碳物質）會被分解成水及二氧化碳。

另一個效果是具有「超親水性」（superhydrophilicity）。當光照射二氧化鈦時，其表面結構會發生改變，變得更容易與水結合，於是水就會滲入二氧化鈦與汙垢之間，將汙垢浮起並沖走。此外，淋在其上的水會均勻分佈於二氧化鈦表面，不會形成水滴，因此若使用於玻璃，也具有不易起霧的優點。

編註：在光觸媒顆粒表面，氧氣會與電子結合形成氧離子，水分子會被電洞氧化成氫氧自由基（OH·），這兩者皆為極不穩定的物質，會與有機物結合重新降解成二氧化碳、水。

光觸媒的兩種機制

光觸媒分解
照射到光（紫外線）時，表面的髒汙等有機物分解成水與二氧化碳。

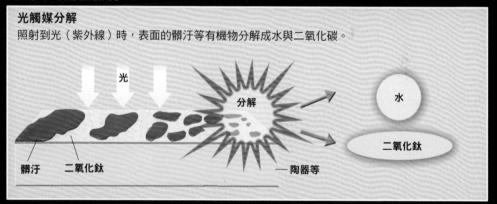

髒汙　　二氧化鈦　　　　　　　　　　分解　　　　　　　　水　　二氧化鈦　　　陶器等

超親水性
材料表面與水接觸的角度（稱為「接觸角」）愈小，則材料的親水性愈高。當光照射時，二氧化鈦的表面結構會發生變化，使其具有超親水性，淋水就能將髒汙浮起沖走，也具有防止起霧的效果。

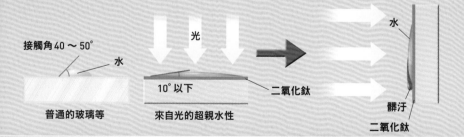

接觸角 40～50°　　水　　　　光　　　　　　水　　　　　　髒汙　　二氧化鈦

普通的玻璃等　　　10° 以下　　　二氧化鈦　　　　來自光的超親水性

極光是「激發」的原子恢復穩定時發出的光

為各位介紹極地所能觀察到的極光的形成原理。

太陽會向宇宙空間釋放氣體，這些氣體被稱為「太陽風」。當太陽風粒子到達地球時，會因地磁的影響而被導向南北極，並與大氣中的氧、氮等氣體的電子碰撞。

如此一來，**原子與分子中的電子就會躍遷到能量較高的軌域。而正如第122頁的說明，躍遷的電子回到原本的軌域時會發光，這就是極光的發光原理。**

極光的顏色會隨著發生碰撞的原子和分子的種類而改變，呈現紅色、綠色等色彩。

2011年9月17日，通過印度洋南部上空的國際太空站（ISS）
所拍攝的南極側極光的影像。

節能且明亮的 LED燈泡的原理

**電能直接轉換成光能，
因此用電量較少**

LED將電能直接轉換成光能

圖中畫出了使用於白光照明的螢光燈與LED的發光原理。由於LED能將電能直接轉換為光能，因此消耗的電比白熾燈泡與螢光燈都來得少。此外，據說LED燈泡的壽命是白熾燈泡的25～40倍，螢光燈的4～7倍。

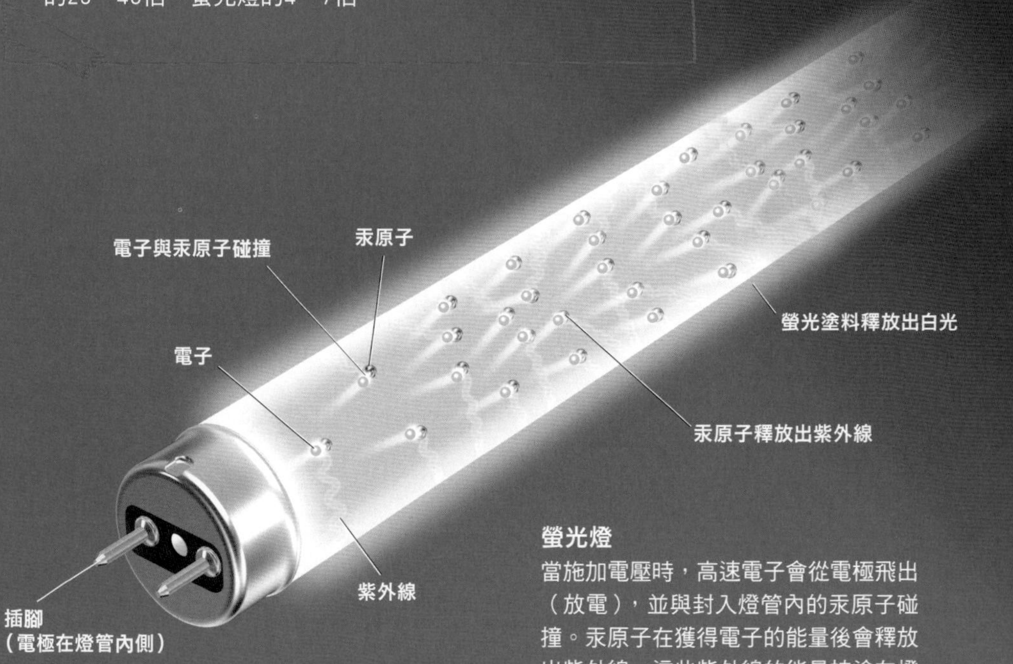

電子與汞原子碰撞

汞原子

電子

螢光塗料釋放出白光

汞原子釋放出紫外線

紫外線

插腳
（電極在燈管內側）

螢光燈

當施加電壓時，高速電子會從電極飛出（放電），並與封入燈管內的汞原子碰撞。汞原子在獲得電子的能量後會釋放出紫外線，這些紫外線的能量被塗在燈管內部的螢光塗料吸收，並以可見光的形式釋放出來。

發光二極體（Light Emitting Diode，縮寫為LED）已經成為現在主流的照明器具。

LED由帶正電的電洞（電子流失）能夠移動的半導體（p型正極），與帶負電的電子能夠移動的半導體（n型負極）結合而成。當移動的電洞與電子結合時，就會因釋放能量而發光。

LED就像這樣能夠將電能直接轉換成光能，因此相較於加熱燈絲來發光的白熾燈泡，與藉由引起放電來發光的螢光燈相比，只需消耗極少的電力即可發光。

此外，原本認為難以實現的藍光LED也在1990年代邁入實用階段，加上原本就有的紅光LED和綠光LED，光的3原色全部到齊，因此能夠形成所有顏色的光。

LED已經被廣泛應用於照明、藍光光碟、液晶顯示器的背光等許多用途。

LED
上層是電洞流動的 p 型（正極）半導體，下層是電子流動的 n 型（負極）半導體。當施加電壓時，電洞與電子就會移動並在接觸面上結合，將所含的部分能量以光的形式釋放出來。

p型半導體

電洞

電洞與電子結合而發光

往正極

n型半導體

電子

往負極

雷射光是同調波形成的光

能夠將龐大的能量集中在一點

一般的光
波長、前進方向、波峰與波谷的相對位置都雜亂無章。

手電筒

雷射光
波長、前進方向、波峰與波谷的相對位置一致。
（產生增強干涉，使強度提高）

雷射光

上圖以1條紅線呈現雷射光。波形與電場振動的樣子只是示意圖。

雷射指的是能夠產生「雷射光」的裝置。螢光燈等一般光源發出的光，無論是前進方向、波長、波峰與波谷的位置等都雜亂無章，就像許多人在派對上自由交談的狀態。但雷射光無論是前進方向、波長以及波峰和波谷的位置都一致^{編註}，就如同眾人齊聲合唱的情景。

雷射具有許多優異的性質，例如「能夠將龐大的能量集中在一點」。即使用凸透鏡聚集白光，也因為不同色光（波長）的折射率不同，導致焦點模糊。但**雷射光的前進方向與波長都一致，凸透鏡能夠將雷射光的能量聚集在非常小的一點上。**

編註：波源的頻率和波形相同，稱為相干波（coherent waves，又稱為同調波）。若前進方向也一致，波峰與波峰重疊，波谷與波谷重疊，產生的建設性干涉（p.86），會使波動能量大增。

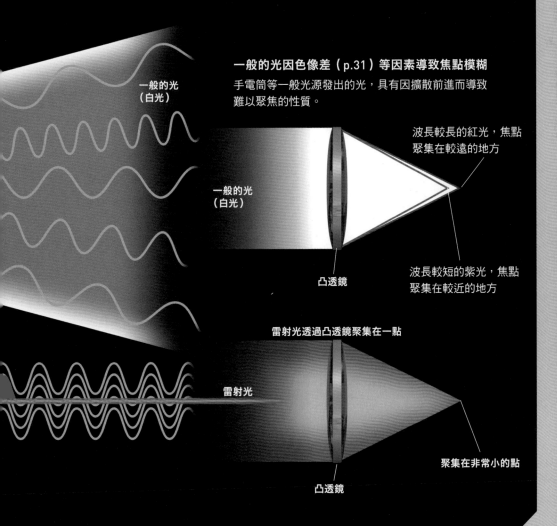

一般的光因色像差（p.31）等因素導致焦點模糊
手電筒等一般光源發出的光，具有因擴散前進而導致難以聚焦的性質。

一般的光（白光）

一般的光（白光）

波長較長的紅光，焦點聚集在較遠的地方

凸透鏡

波長較短的紫光，焦點聚集在較近的地方

雷射光透過凸透鏡聚集在一點

雷射光

聚集在非常小的點

凸透鏡

雷射光活躍於DVD 等裝置

利用雷射光讀取光碟片的凹凸

雷射光的所有光波折射率都相同，因此只要使用凸透鏡，就能聚集在一個非常小的點。這代表能夠將龐大的能量集中在小點。

雷射光也被應用於DVD等光碟片上。讀取專用的光碟片上有許多凹凸，凸透鏡將雷射光變細，照射在光碟的記錄面上，讀取寫進凹凸的訊息。

當雷射光照射到訊坑（pit，凹下的部分）時反射光較弱，照射到凸塊時反射光較強，光碟機便可依據反射光的強弱變化讀取訊息^{編註}。至於可燒錄的光碟在燒錄時，可透過照射雷射光的方式，以高溫改變該點的物質狀態，進而改變其反射率。**DVD使用紅色雷射光，但藍光光碟（Blu-ray Disc，縮寫為BD）則使用波長較短，能夠讀寫較細微資訊的藍紫色雷射光。**

編註：凹坑的深度約為雷射波長的四分之一到六分之一，反射光束的相位相對於入射光束發生偏移，導致破壞性干涉（p.86），降低反射光束的強度，由光電二極體檢測後，產生相應的電訊號。

光碟

雷射

雷射光的應用方法

雷射光能夠切斷堅硬與柔軟的物質，可應用於加工。此外，也可用於光碟、讀取條碼的裝置以及光通訊等。

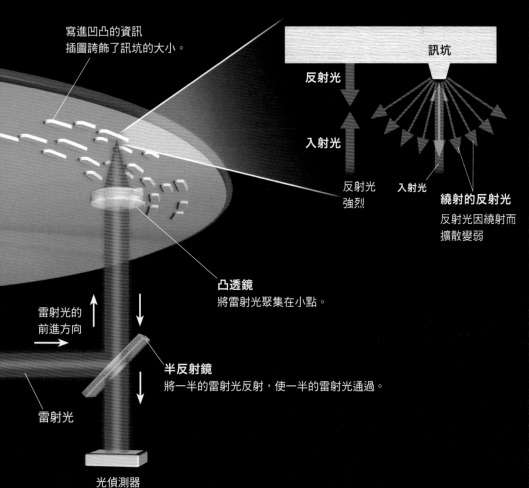

寫進凹凸的資訊
插圖誇飾了訊坑的大小。

訊坑

反射光

入射光

反射光
強烈

入射光

繞射的反射光
反射光因繞射而
擴散變弱

凸透鏡
將雷射光聚集在小點。

雷射光的
前進方向

半反射鏡
將一半的雷射光反射，使一半的雷射光通過。

雷射光

光偵測器
讀取反射光的強弱。

光纖透過光來傳遞訊息

使用能夠輸送大量資訊的光，實現高速的通訊

雷射光也能使用於光通訊。「0」與「1」的數位訊號能夠以雷射光的強弱等來呈現，而**雷射光也可透過玻璃或塑膠等製成的「光纖」，傳送到很遠的地方**。

使用於光通訊的雷射光是近紅外線（near infrared），其波長（0.8～3μm）位於最不容易被玻璃吸收的範圍。此外，頻率愈高（每秒震動次數愈多）的電磁波，在同一時間內能夠傳送的資訊量愈多。

智慧型手機使用頻率較低的無線電波，光通訊（optical communication）則使用頻率比無線電波更高的近紅外線，藉此實現高速通訊。編註

編註：光纖傳導訊號的速度粗算大約為20萬公里／秒。

光纖使用近紅外線

光通訊使用最不易被光纖（玻璃製成）吸收，且振動數最大、傳輸的資訊量最多的近紅外線。

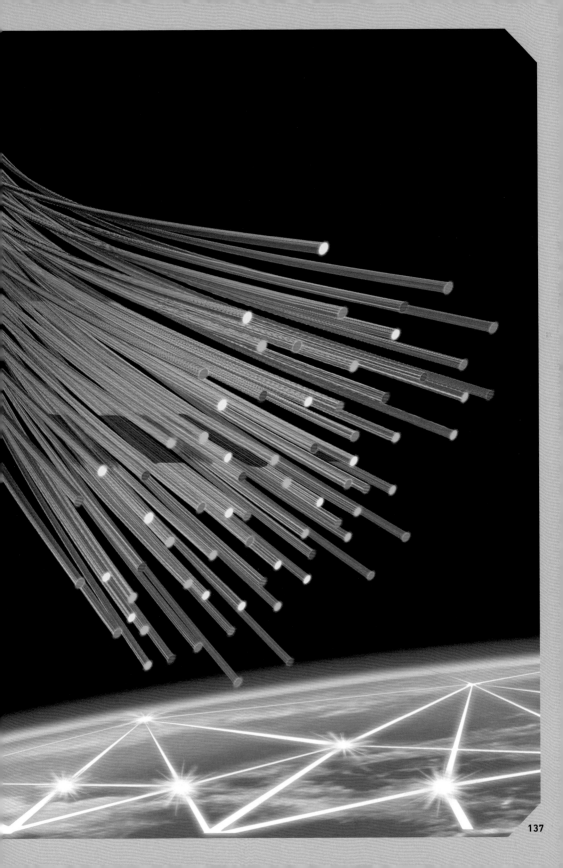

超越傳統雷射的
終極雷射

雷射技術日益進化。其中一項最令人驚嘆的技術，就是只發光約1000兆分之1秒的終極閃光（flash）「飛秒雷射」（femtosecond laser）。1飛秒就是1000兆分之1秒（10^{-15}秒）。飛秒雷射是產生「超短脈衝光」（ultrashort pulses）[編註]的裝置，只在約1到100飛秒或更短量級的超短時間內發光。

脈衝光是瞬間閃過的光。相機閃光燈發出的閃光時間約為微秒程度（1微秒為100萬分之1秒，10^{-6}秒），這代表飛秒程度的超短脈衝光的發光時間只有相機閃光燈的10億分之1左右。

光速為每秒30萬公里，就算是光，1飛秒能夠前進的距離也只有0.3微米（1萬分之3公尺）。

而最近幾年正在開發阿秒雷射（attosecond laser，1阿秒為100京分之1秒，10^{-18}秒）等發光時間更短的超短脈衝光。

為何阿秒如此重要呢？因為原子、分子內的電子運動，都以阿秒尺度的時間進行。阿秒脈衝雷射可當成觀測這些現象的「閃光燈」使用。換句話說，只要使用阿秒脈衝雷射，說不定就能直接觀測電子的行為。

編註：在專業文獻中，「超短」是指皮秒（10^{-12}秒）、飛秒（10^{-15}秒）和阿秒（10^{-18}秒）的時間尺度。

就算是光，在1飛秒的時間也只能前進約病毒大小的距離。

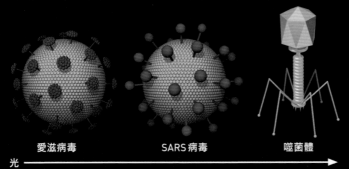

愛滋病毒　　　　　　SARS病毒　　　　　　噬菌體

光 ⟶

　　圖中畫出的愛滋病毒、SARS病毒、噬菌體都是大小約0.1微米左右的病毒。
　（微代表100萬分之1）。

只發光約1000兆分之1秒（10^{-15}秒）的超短脈衝光

不過就理論上的極限而言，可見光最短只能達到2飛秒左右。

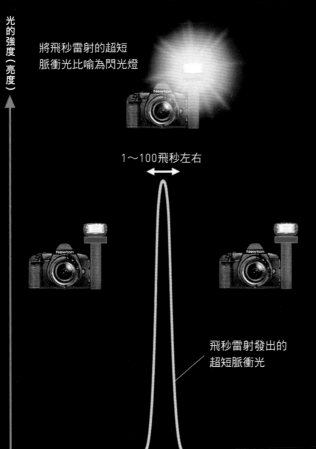

光的強度（亮度）

將飛秒雷射的超短
脈衝光比喻為閃光燈

1～100飛秒左右

飛秒雷射發出的
超短脈衝光

時間

後記

《光與色的科學》到此結束。各位覺得如何呢？

一般聽到光時，想到的往往是太陽光和照明的光，但實際上，我們平常眼睛所見的一切可以說都離不開光。如果沒有光的存在，我們將無法看見物體或感受顏色。

此外，還有Ｘ光、紫外線和無線電波等我們肉眼看不見的光。我們能夠使用Ｘ光檢查疾病，享受電視和網路，每天過著便利的生活，也都要歸功於運用各種光的機制。

當你讀完本書，並觀察周遭的事物後，是否能夠充分理解原本視為理所當然，且未曾注意到的現象所具有的意義呢？

《新觀念伽利略－光與色的科學》「十二年國教課綱自然科學領域學習內容架構表」

第一碼：高中（國中不分科）科目代碼B（生物）、C（化學）、E（地科）、P（物理）＋主題代碼（A～N）＋次主題代碼（a～f）。

主題	次主題
物質的組成與特性（A）	能量的形式與轉換（a）、溫度與熱量（b）、生物體內的能量與代謝（c）、生態系中能量的流動與轉換（d）
能量的形式、轉換及流動（B）	能量的形式與轉換（a）、溫度與熱量（b）、生物體內的能量與代謝（c）、生態系中能量的流動與轉換（d）
物的結構與功能（C）	物質的分離與鑑定（a）、物質的結構與功能（b）
生物體的構造與功能（D）	細胞的構造與功能（a）、動植物體的構造與功能（b）、生物體內的恆定性與調節（c）
物質系統（E）	自然界的尺度與單位（a）、力與運動（b）、氣體（c）、宇宙與天體（d）
地球環境（F）	組成地球的物質（a）、地球與太空（b）、生物圈的組成（c）
演化與延續（G）	生殖與遺傳（a）、演化（b）、生物多樣性（c）
地球的歷史（H）	地球的起源與演變（a）、地層與化石（b）
變動的地球（I）	地表與地殼的變動（a）、天氣與氣候變化（b）、海水的運動（c）、晝夜與季節（d）
物質的反應、平衡及製造（J）	物質反應規律（a）、水溶液中的變化（b）、氧化與還原反應（c）、酸鹼反應（d）、化學反應速率與平衡（e）、有機化合物的性質、製備及反應（f）
物自然界的現象與交互作用（K）	波動、光及聲音（a）、萬有引力（b）、電磁現象（c）、量子現象（d）、基本交互作用（e）
生物與環境（L）	生物間的交互作用（a）、生物與環境的交互作用（b）
科學、科技、社會及人文（M）	科學、技術及社會的互動關係（a）、科學發展的歷史（b）、科學在生活中的應用（c）、天然災害與防治（d）、環境汙染與防治（e）
資源與永續發展（N）	永續發展與資源的利用（a）、氣候變遷之影響與調適（b）、能源的開發與利用（c）

第二碼：學習階段以羅馬數字表示，Ⅳ（國中）；Ⅴ（Vc高中必修，Va高中選修）。

第三碼：學習內容的阿拉伯數字流水號。

頁碼	單元名稱	階段/科目	十二年國教課綱自然科學領域學習內容架構表
012	太陽光中包含了無數的色光	國中/理化	Ka-IV-10 陽光經過三稜鏡可以分散成各種色光。 Mb-IV-2 科學史上重要發現的過程以及貢獻。
		高中/物理	PMc-Vc-4 近代物理科學的發展以及貢獻。
014	顏色的差異就是光的「波長」差異	國中/理化	Ka-IV-1 波的特徵，例如：波峰、波谷、波長。
		高中/物理	PKa-Va-2 介質振動會產生波。 PKa-Va-10 光有波動的性質。
016	眼睛看得見的光並非光的全部	國中/跨科	INc-IV-2 對應不同尺度，各有適用的單位（以長度單位為例），尺度大小可以使用科學記號來表達。 INc-IV-3 測量時要選擇適當的尺度。
		國中/理化	Ea-IV-2 以適當的尺度量測或推估物理量。
		高中/物理	PEa-Vc-1 科學上常用的物理量有國際標準單位。 PKc-Vc-6 電磁波包含低頻率的無線電波，到高頻率的伽瑪射線在日常生活中有廣泛的應用。
018	照進水裡的光為什麼會彎曲？	國中/理化	Ka-IV-8 透過實驗探討光的折射規律。
		高中/物理	PKa-Va-4 波遇到不同的介質時會反射和透射。
020	光在鑽石中會減速40%	國中/理化	Ka-IV-7 光速的大小和影響光速的因素。
		高中/物理	PKa-Va-4 波遇到不同的介質時會反射和透射。
022	為什麼放大鏡能使物體看起來變大？	國中/理化	Ka-IV-9 生活中有許多運用光學原理的實例或儀器，例如：透鏡、眼鏡及顯微鏡等。
		高中/物理	PKa-Va-12 光經透鏡成像可用透鏡公式分析，透鏡有很多用途。
024	為什麼戴上眼鏡會看得更清楚？	國中/理化	Ka-IV-9 生活中有許多運用光學原理的實例或儀器，例如：透鏡、眼鏡及顯微鏡等。
		高中/物理	PKa-Va-12 光經透鏡成像可用透鏡公式分析，透鏡有很多用途。
026	照相機拍攝照片的原理	國中/理化	Ka-IV-9 生活中有許多運用光學原理的實例或儀器，例如：透鏡、眼鏡及顯微鏡等。
		高中/物理	PKa-Va-12 光經透鏡成像可用透鏡公式分析，透鏡有很多用途。
028	不同顏色的光在玻璃中的速度也不同	國中/理化	Ka-IV-7 光速的大小和影響光速的因素。
		高中/物理	PKa-Vc-1 波速、頻率、波長的數學關係。
030	凸透鏡不可能將光完全集中在一點	國中/理化	Ka-IV-9 生活中有許多運用光學原理的實例或儀器，例如：透鏡、眼鏡及顯微鏡等。
		高中/物理	PKa-Va-12 光經透鏡成像可用透鏡公式分析，透鏡有很多用途。

032	彩虹為什麼看起來分成7種顏色？	國中/理化	Ka-IV-10 陽光經過三稜鏡可以分散成各種色光。
		高中/物理	PKa-Va-4 波遇到不同的介質時會反射和透射。
034	海市蜃樓是空氣中折射的光	高中/物理	PKa-Va-4 波遇到不同的介質時會反射和透射。
036	夜空中的星星不在你看到的方向		
038	閃電為什麼呈鋸齒狀	國中/理化	Kc-IV-1 摩擦可以產生靜電，電荷有正負之別。 Kc-IV-8 電流通過帶有電阻物體時，能量會以發熱的形式逸散。
042	鏡子裡會什麼會出現自己的身影？	國中/理化	Ka-IV-9 生活中有許多運用光學原理的實例或儀器，例如：面鏡、眼睛等。 Ka-IV-11 物體的顏色是光選擇性反射的結果。
044	物體會將光線反射到四面八方	國中/理化	Ka-IV-11 物體的顏色是光選擇性反射的結果。
		高中/物理	PKa-Va-4 波遇到不同的介質時會反射和透射。
046	水和玻璃都能成為鏡子	國中/理化	Ka-IV-8 透過實驗探討光的反射與折射規律。 Ka-IV-9 生活中有許多運用光學原理的實例或儀器。
		高中/物理	PKa-Va-4 波遇到不同的介質時會反射和透射。 PKa-Va-11 光由光密介質進入光疏介質的入射角大於臨界角時會發生全反射。
048	因為全反射而閃耀美麗光芒的鑽石	高中/物理	PKa-Va-4 波遇到不同的介質時會反射和透射。 PKa-Va-11 光由光密介質進入光疏介質的入射角大於臨界角時會發生全反射。
050	讓人心曠神怡的藍天是光線散射的結果	國中/理化	Ka-IV-11 物體的顏色是光選擇性反射的結果。
		高中/物理	PKd-Vc-1 光具有粒子性。
052	為什麼晚霞不是藍色而是紅色？	國中/理化	Ka-IV-11 物體的顏色是光選擇性反射的結果。
		高中/物理	PKd-Vc-1 光具有粒子性。
054	火星的晚霞和晨曦是藍色的	國中/理化	Ka-IV-11 物體的顏色是光選擇性反射的結果。
		高中/物理	PKd-Vc-1 光具有粒子性。
056	泡泡的顏色是如何形成的？	高中/物理	PKa-Vc-5 光除了反射和折射現象外，也有干涉及繞射現象。 PKa-Va-4 波遇到不同的介質時會反射和透射。
058	閃耀七彩光輝的生物祕密	國中/理化	Ka-IV-9 生活中有許多運用光學原理的實例或儀器。 Ka-IV-11 物體的顏色是光選擇性反射的結果。
		高中/物理	PKa-Va-4 波遇到不同的介質時會反射和透射。
060	為什麼關燈後馬上就變暗？	高中/物理	PKa-Va-4 波遇到不同的介質時會反射和透射。
062	海水藍與天空藍有什麼不同？	國中/理化	Ka-IV-11 物體的顏色是光選擇性反射的結果。
		高中/物理	PKa-Va-4 波遇到不同的介質時會反射和透射。
072	葉子看起來呈現綠色，是因為反射的光色	國中/理化	Ka-IV-11 物體的顏色是光選擇性反射的結果。
		高中/物理	PKa-Va-4 波遇到不同的介質時會反射和透射。
076	紅寶石和藍寶石就像是「親戚」	國中/理化	Ka-IV-11 物體的顏色是光選擇性反射的結果。
		高中/物理	PKa-Va-4 波遇到不同的介質時會反射和透射。
084	光通過狹縫後擴散並繼續前進	高中/物理	PKa-Va-5 線性波相遇時波形可以疊加。 PKa-Va-10 光有波動的性質。 PKa-Va-13 光有干涉與繞射的現象，其亮紋和暗紋決定於相位差。 PKa-Vc-5 光除了反射和折射現象外，也有干涉及繞射現象。
086	證明光是「波」的實驗		
088	紫外線和X射線都是「電磁波」	國中/理化	Mb-IV-2 科學史上重要發現的過程以及貢獻。
		高中/物理	PKa-Vc-7 馬克士威從其方程式預測電磁波的存在，且計算出電磁波的速度等於光速，因此推論光是一種電磁波，後來也獲得證實。 PKc-Vc-5 馬克士威方程式預測電磁場的擾動可以在空間中傳遞，即為電磁波。 PKc-Vc-6 電磁波包含低頻率的無線電波，到高頻率的伽瑪射線在日常生活中有廣泛的應用。 PMc-Vc-4 近代物理科學的發展以及貢獻。
090	光是自然界中的極速「飛毛腿」	國中/理化	Ka-IV-7 光速的大小和影響光速的因素。
092	透過齒輪實驗即可測量出大致的光速	國中/理化	Mb-IV-2 科學史上重要發現的過程以及貢獻。
		高中/物理	PMc-Vc-4 近代物理科學的發展以及貢獻。

094	「磁鐵」掌握了光的真面目	國中/理化	Kc-IV-3 磁場可以用磁力線表示，磁力線方向即為磁場方向，磁力線越密處磁場越大。
096	電與磁有許多相似之處	國中/理化	Kc-IV-1 摩擦可以產生靜電，電荷有正負之別。 Kc-IV-2 靜止帶電物體之間有靜電力，同號電荷會相斥，異號電荷則會相吸。
		高中/物理	PKc-Vc-1 電荷會產生電場，兩點電荷間有電力。 PKc-Va-1 可以用電力線表示出電場的大小與方向。
098	電流通過線圈時會產生磁場	國中/理化	Kc-IV-4 電流會產生磁場，其方向分布可以由安培右手定則求得。
		高中/物理	PKc-Va-7 載流導線如長直導線、圓線圈、長螺線管，會產生磁場。
100	磁鐵靠近線圈時會產生電場	國中/理化	Kc-IV-6 環形導線內磁場變化，會產生感應電流。
		高中/物理	PKc-Vc-3 變動的磁場會產生電場，變動的電場會產生磁場。 PKc-Va-13 電場變化會產生磁場。
102	電場與磁場如鎖鏈般串接起來	國中/理化	Kc-IV-6 環形導線內磁場變化，會產生感應電流。
		高中/物理	PKa-Vc-7 馬克士威從其方程式預測電磁波的存在，且計算出電磁波的速度等於光速，因此推論光是一種電磁波，後來也獲得證實。 PKc-Vc-3 變動的磁場會產生電場，變動的電場會產生磁場。 PKc-Vc-5 馬克士威方程式預測電磁場的擾動可以在空間中傳遞，即為電磁波。 PKc-Va-13 電場變化會產生磁場。 PKc-Va-15 平面電磁波的電場、磁場以及傳播方向互相垂直。
104	電磁波能夠傳遞能量	高中/物理	PBa-Vc-1 電場以及磁場均具有能量，利用手機傳遞訊息即是電磁場以電磁波的形式來傳遞能量的實例。 PKc-Vc-6 電磁波包含低頻率的無線電波，到高頻率的伽瑪射線在日常生活中有廣泛的應用。
106	電磁波的波長愈短，頻率愈高	高中/物理	PKa-Vc-1 波速、頻率、波長的數學關係。
108	光並不是單純的波！	高中/物理	PKd-Vc-1 光具有粒子性，光子能量E=hν，與其頻率ν成正比。 PKd-Vc-6 光子與電子以及所有微觀粒子都具有波粒二象性。
110	光可以移動物體？		
114	為什麼微波爐能加熱食物？	高中/物理	PBb-Vc-3 物體內的原子不斷在運動並交互作用，此交互作用能量與原子的動能合稱為熱能。 PKd-Vc-1 光具有粒子性，光子能量E=hν，與其頻率ν成正比。
116	我們的身體會釋放出紅外線	國中/理化	Bb-IV-4 熱的傳播方式包含傳導、對流與輻射。
122	變換軌域時會發光的電子	高中/物理	PKd-Vc-4 能階的概念。
128	極光是「激發」的原子恢復穩定時發出的光	高中/物理	PKd-Vc-1 光具有粒子性，光子能量E=hν，與其頻率ν成正比。 PKd-Vc-4 能階的概念。
132	雷射光是同調波形成的光	高中/物理	PKa-Va-5 線性波相遇時波形可以疊加。

Staff

Editorial Management	中村真哉		
Cover Design	秋廣翔子		
Design Format	宮川愛理		
Editorial Staff	上月隆志，谷合 稔		

Photograph

表紙カバー	Romolo Tavani/stock.adobe.com	68	dada_design/stock.adobe.com
8-9	Nikki Zalewski/stock.adobe.com	77	Africa Studio/stock.adobe.com,sarawut795/stock.
34	shutterstock		adobe.com
38-39	Libor/stock.adobe.com	79	SCIENCEphoto LIBRARY
54-55	NASA/JPL/Texas A&M/Cornell	81	Super Stock/アフロ
65	Africa Studio/stock.adobe.com,sarawut795/stock.	128-129	NASA
	adobe.com	141	Romolo Tavani/stock.adobe.com

Illustration

表紙カバー	Newton Press	83〜93	Newton Press
表紙	Newton Press	95〜97	Newton Press
2	Newton Press	99	Newton Press
7	Newton Press	101	Newton Press
11〜30	Newton Press	103〜111	Newton Press
31	富﨑NORI	113	Newton Press，小林 稔，富﨑NORI
32-37	Newton Press	114〜119	Newton Press
41〜53	Newton Press	120-121	小林 稔
56〜61	Newton Press	122〜127	Newton Press
63	Newton Press	130	Newton Press
65〜67	Newton Press	131	吉原成行
69〜75	Newton Press	132〜135	富﨑NORI
77	Newton Press	136〜139	Newton Press
81	Newton Press		

【新觀念伽利略09】

光與色的科學
揭開日常生活中的謎團，破解光的奧祕！

作者／日本Newton Press
審訂／王存立
翻譯／林詠純
發行人／周元白
出版者／人人出版股份有限公司
地址／231028 新北市新店區寶橋路235巷6弄6號7樓
電話／（02）2918-3366（代表號）
傳真／（02）2914-0000
網址／www.jjp.com.tw
郵政劃撥帳號／16402311 人人出版股份有限公司
製版印刷／長城製版印刷股份有限公司
電話／（02）2918-3366（代表號）
香港經銷商／一代匯集
電話／（852）2783-8102
第一版第一刷／2024年12月
定價／新台幣380元
　　　港幣127元

國家圖書館出版品預行編目（CIP）資料

光與色的科學：揭開日常生活中的謎團，破解光
的奧祕！日本Newton Press作；
林詠純翻譯. -- 第一版. --
新北市：人人出版股份有限公司, 2024.12
面；公分. —（新觀念伽利略；9）
ISBN 978-986-461-412-7（平裝）
1.CST：光學　2.CST：通俗作品

336　　　　　　　　　　　　　　113015199

CHO EKAI BON MIJIKA NA NAZO, HIKARI
NO SHOTAI WO TOKIAKASU
HIKARI TO IRO NO KAGAKU
Copyright © Newton Press 2023
Chinese translation rights in complex
characters arranged with Newton Press
through Japan UNI Agency, Inc., Tokyo
www.newtonpress.co.jp